中国蜀葵

走向世界的丝路之花

ZHONGGUO

SHUKUI

ZOUXIANG

SHIJIE

DE

SILU ZHI HUA

成都市植物园　编著

四川教育出版社

图书在版编目（CIP）数据

中国蜀葵：走向世界的丝路之花 / 成都市植物园

编著 . — 成都：四川教育出版社，2022. 8

ISBN 978-7-5408-8365-2

Ⅰ . ①中… Ⅱ . ①成… Ⅲ . ①锦葵科—宿根花卉

—研究—中国 Ⅳ . ① S682.1

中国版本图书馆 CIP 数据核字 (2022) 第 151571 号

中国蜀葵——走向世界的丝路之花

Zhongguo Shukui——Zouxiang Shijie de Silu zhi Hua

成都市植物园 编著

出 品 人：	雷 华
策 划 组 稿：	卢亚兵　李健敏　李霞湘
责 任 编 辑：	李霞湘
责 任 校 对：	刘世霞
装 帧 设 计：	覃忠善
责 任 印 制：	田东洋
出 版 发 行：	四川教育出版社
地　　　　址 /	四川省成都市锦江区三色路 236 号新华之星 A 座
邮 政 编 码 /	610023
网　　　　址 /	www.chuanjiaoshe.com
制　　　　作：	四川星曜文化传播有限公司
印　　　　刷：	成都市金雅迪彩色印刷有限公司
版　　　　次：	2022 年 8 月第 1 版
印　　　　次：	2022 年 8 月第 1 次印刷
开　　　　本 ：	787mm×1092mm　1/16
印　　　　张：	15
字　　　　数：	213 千
书　　　　号：	ISBN 978-7-5408-8365-2
定　　　　价：	88.00 元

如发现质量问题，请与本社联系。总编室电话：（028）86365120

主　编
刘晓莉

编　委
周小林　陈　曦　李方文　张俊杰　凌万波　朱章顺　石小庆

素　材
周小林　殷　洁

撰　稿
何　建　陈　曦

最具世界知名度的蜀地之花

蒋蓝

　　20 世纪 70 年代中期，我家里养了两只兔子。养兔子是当时城市平民的一大爱好，主要原因是希望借此增加餐桌上的肉食，无他。我家在川南滏溪河畔，河边水葫芦以及其他杂草丛生。为了给兔子找吃的，我不但见识过厉害的荨麻，也见识过"一丈红"。一丈红是一种茎秆高大、花朵红艳之物。顺着壮硕的茎秆，由下开到上，全部是花，宛若一场步步登高的"游园惊梦"。后来才知道它也叫蜀葵。我从蜀葵花托上拧下拳头大小的花朵，滑如丝绸，一股味道蔓延而上，好像不是纯粹的花香，但却有一种摄人的力道。搓揉花瓣，花烂成一团，有黏腻的汁液，手心是一片黑中透紫的颜色，擦也擦不掉，如同花朵被处以极刑之后的神秘诅咒。懵懂的兔子根本不理会这种植物。

　　蜀葵能够染东西，小姑娘还用粉红的花汁来涂染指甲，因而我很长时间以来还以为一丈红也是指甲花。这是个美丽的误会，其实指甲花是凤仙花的俗称，我到而立之年以后才了悟。

看起来，还有很多类似的谬误，人们至死也奉为真理。

俏丽的一丈红，在古蜀王朝就已经红透半边天了。近年来，成都文物考古研究院在成都市郫都区波罗村遗址的商周地层中发现了一枚锦葵属植物的种子。锦葵属和蜀葵属是近亲，它们同属于锦葵目之下的锦葵科，只是分属不同。这表明早在商周时期，蜀葵就很有可能大片地盛开在成都平原了。

清初医学家钱塘人赵学敏的《凤仙谱》指出："（一丈红）种出云南，本颇高大，花大如碗，围圆三寸。能长至丈许，须支以竹方不虑风折。然江南土薄，多不易活。"看来赵学敏见闻不广，竟然不知蜀葵来自西蜀，显然属于谢灵运所说的"半豹"一类了。明朝杨穆《西墅杂记》记载，明朝成化甲午年（公元1474年），日本使者来到中国，见到蜀葵不识，问之才明白，遂题诗："花如木槿花相似，叶比芙蓉叶一般。五尺栏杆遮不尽，尚留一半与人看。"诗歌主要是夸耀其硕大，也比较了蜀葵与木芙蓉的异同。日本使者是谦逊的，体现出一种博物学态度。

旧时人们在家中瓶插蜀葵用以驱鬼、避邪。另外，据说取蜀葵的叶片研磨，用布将汁液揩抹在竹纸上，稍干后用石压平，便成了"葵笺"。唐代判司许远曾制此笺分赠白居易、元稹等文人，作诗唱和。我推测，薛涛发明"薛涛笺"，除了胭脂木、木芙蓉，极有可能也使用了蜀葵作为染料。

自古以来西南被中原人视作边地、戎地。关于蜀葵最早的记载出自《尔雅》，谓"戎葵"，因为喜光的习性，《花镜》中称其为"阳草"。而"蜀葵"一词，最早提及者应是晋代崔豹的《古今注》："荆葵，一名莐葵，一名芘芣……茎叶不殊，但花色有异耳。一曰蜀葵。"该书特别提及蜀葵有多种花色，有红，有紫，有青，有白，有黄。由于极强的适应性，蜀葵被广泛栽种，各地名称不一，多到了难以计数的程度，成为西南地区花卉里别称最多的花。"立葵""舌其花""胡葵""戎葵"和"吴葵"等名称都是侧重说明其外形或植物来源。由于蜀葵盛开于梅雨季节，梅雨初期由茎基部绽放花朵，沿着直立的茎秆逐渐往上，开到茎的顶端，花期正好持续到梅雨结束，故又有"梅雨葵"的雅称。而在中国北方，蜀葵通常盛开于端午节前后，因此又被称为"端午锦"。

　　蜀葵是中国最早以产地命名的本土观赏花卉之一，而且是唯一以"蜀"为名的花，它早已遍及天涯海角，长期以来却处于"墙内开花墙外香"的境地。每每遇有城市改造、园林绿化、花卉博览会之类的事件，我们热情移栽大量外来品种，却对蜀葵熟视无睹，这是否有数典忘祖之嫌不好说，至少我只有在城市郊外或者阿坝州的各个村落里，才能见到蜀葵迎风摇曳的身影。

成都市植物园主持编著的《中国蜀葵——走向世界的丝路之花》一书，堪称是第一部汉语的"蜀葵传"。本书详细钩稽了蜀葵的前世今生，深度打捞了蜀葵投射在文化、民俗、美术、文学领域的多重镜像，锐意穷搜，深度挖掘蜀葵所蕴含的"中国故事"，更着眼于成都市植物园以及鲜花山谷对蜀葵生态的发展前景。目前成都收集、培育的蜀葵品种竟达到了 780 多种，在标举生态文明建设的今天，意义非常深远。

　　《中国蜀葵——走向世界的丝路之花》告诉我们，蜀葵的拉丁文学名是 *Alcea rosea*，它已有 2000 年以上的栽培史，可以说，全世界凡是有人居住之地，就有蜀葵分布和繁衍。

　　根据记载，向东，蜀葵在 8 世纪被引种到日本；向西，蜀葵沿着西北丝绸之路逶迤而行。在敦煌壁画里，蜀葵与莲花成了最为重要的佛教名花。蜀葵大致于 15 世纪进入欧洲后，在欧洲北部的冰岛、芬兰、瑞典开始扎根……在非洲南端的好望角，在寒冷的西西伯利亚，在温暖的南亚印度，在大洋洲的澳大利亚、新西兰的北岛与南岛，在北美洲的加拿大，在南美洲的阿根廷……从海拔 4000 米到海拔 0 米的范围，均有蜀葵俏丽、健雄的踪迹。

　　鲜为人知的是，在西方文艺复兴时期，蜀葵在画家笔下得到了浓墨重彩的彰显。比如欧洲文艺复兴时期代表画家、德国伟大的艺术家丢勒，于 1503 年绘制了一幅名为 *Madonna of* the Animals 的作品, 画中就有四朵鲜艳的红色蜀葵。除此之外,在提香、鲁本斯、布歇、海瑟姆、德拉克洛瓦、柯罗、毕沙罗、雷诺阿、塞尚、凡·高、莫奈、列宾等西方著名画家的画笔下,蜀葵不断得到全新的赋形……

成都鲜花山谷周小林、殷洁夫妇多年悉心研究, 他们收集了逾 2000 幅西方画家绘制的蜀葵美术作品。而在文学领域, 歌德、司汤达、巴尔扎克、雨果、安徒生、夏洛蒂·勃朗特、马克·吐温、劳伦斯、川端康成、海明威等经典作家相继把蜀葵写入其不朽作品。

可以说, 在所有引种到世界各地的中国植物中, 蜀葵是画家笔下绘制作品数量最多、文学家描绘最多的品种, 由此成为世界范围内分布最广泛、知名度最高、生命力最强的中国花卉。

我们必须注意到, 也有人认为蜀葵的命名与蜀地无关。证据之一是古代早有"蜀鸡"之说, 就是大鸡的意思;"蜀黍"是高粱, 蜀黍的意思就是高大的像黍一样的植物。所以, 他们认为蜀葵之所以命名为"蜀葵", 是着眼于它的叶片像葵, 但是它比葵更为硕大。

对此很有讨论的必要。

关于"蜀"字的含义迄今有三四十种, 主要与虫、蛇、岷山、地望、族群、图腾造像有关。蜀地是一个位于横断走廊以东的幅员广阔、落差巨大的区域，并非成都平原所能囊括。古蜀非一族，蜀的疆域也不是如《华阳国志·蜀志》所说的"其地东接于巴，南接于越，北与秦分，西奄峨嶓"。文史大家蒙文通曾指出，古代蜀国的蚕丛、柏灌、鱼凫、杜宇、开明都各为一族，互有征战兴亡，如历史记载"蚕丛国破，子孙居姚、嶲等处""鱼凫是一个部族，为杜宇别部族所侵""开明侵逐望帝"等，而且可能有几个蜀国并存的局面，这暗示了其地缘要大于今天的四川。这个区域恰是"华西雨屏带"这一举世仅有的生物多样性王国。《庄子·庚桑楚》："越鸡不能伏鹄卵，鲁鸡固能矣。"唐朝成玄英疏说："鲁鸡，今之蜀鸡也。"郭庆藩《庄子集释》引向秀曰："鲁鸡，大鸡也，今蜀鸡也。"说的固然都是大鸡，遗憾的是，并不能由此"放之蜀地而皆准"。蜀人、蜀王、蜀国、蜀族、蜀郡、蜀天、蜀籁、蜀语、蜀江、蜀山、蜀纪、蜀刀、蜀绣花……这些词语里并没有任何"大"的指向。而大名鼎鼎的古蜀杜鹃花，恰也有"蜀帝花"的别称。

以孤证取代群证，以后代反推前朝，以古中原的"正朔"视觉来打量"西南夷"，很容易陷入指鹿为马的境地。所以，一眼聚光死死盯住"蜀"为"大"的人，似乎应该学习蚕丛，打开"第三只眼睛"，意识到不仅是"蜀"字，"鲁"字也不能推导出"巨大"的意思。

葵叶向阳，诗人李白据此写过一首《流夜郎题葵叶》：

惭君能卫足，叹我远移根。

白日如分照，还归守故园。

李白晚年流放夜郎，以这首诗表达了对锦江边蜀葵留守故园的羡慕之情。反常的是，我翻遍了后蜀花蕊夫人的一百多首宫词，竟然就没有查阅到一首是涉及蜀葵的，这非常奇怪。反而是唐朝末期出生于福建莆田的诗人徐夤，单是涉及岭南、西南风物的诗歌就有八十多首。他一度入蜀，写有五律《蜀葵》：

剑门南面树，移向会仙亭。

锦水饶花艳，岷山带叶青。

文君惭婉娩，神女让娉婷。

烂熳红兼紫，飘香入绣扃。

其实蜀葵的香味很淡，隐隐约约，似有如无，给人无限遐想。这首诗成了状写成都锦江与蜀葵的名篇。至于晚唐诗人薛能的七绝《黄蜀葵》，则由外而内，探视着蜀葵疏影下的玉人心迹：

娇黄新嫩欲题诗，

尽日含毫有所思。

记得玉人春病后，

道家妆束厌禳时。

黄蜀葵是锦葵科秋葵属的一年生或多年生的草本植物，别
称比较多，还叫作棉花葵、假阳桃、野芙蓉、秋葵、黄花莲、
鸡爪莲等。蜀葵跟黄蜀葵同属于一个科，但不是同一个属。这
首诗歌至少告诉我们，至迟在唐朝，利用黄蜀葵"厌禳"之能
而驱邪祛病，已是深入人心的民俗了。

从蜀葵的历史而言，有人认为它是成都平原的故乡之花。
但从后蜀孟昶开始，声名远播的木芙蓉也许更具成都风仪。在
我看来，这两者与蜀地的历史地缘均非同寻常，需要仔细考量。
木芙蓉是木本；蜀葵是草本。木芙蓉高两到五米；蜀葵则可以
长到两到三米，北方移栽的蜀葵多数两米左右。木芙蓉的叶子
有五道茎脉，尖端很尖；蜀葵叶子较圆。关键在于着花部位不同。
蜀葵成串而生；木芙蓉则分散，有点无组织无纪律，分明是自
由自在的蜀人生活的写照。

这两者的特征，古代博物学者们心知肚明。更关键的在于，
他们看中了蜀葵具有忠义之心。

清初陈淏子的《花镜》指出，"蜀葵，阳草也，一名戎葵，

一名卫足葵。言其倾叶向日，不令照其根也。来自西蜀，今皆有之。叶似桐，大而尖。花似木槿而大，从根至顶，次第开出，单瓣者多，若千叶、五心、重台、剪绒、锯口者，虽有而难得。若栽于向阳肥地，不时浇灌，则花生奇态，而色有大红、粉红、深紫、浅紫、纯白、墨色之异。好事者多杂种于园林，开如绣锦夺目。八月下种，十月移栽，宿根亦发。嫩苗可食。当年下子者无花。其梗沤水中一二日，取皮作线，可以为布。枯梗烧作灰，藏火耐久不灭。"一方面，蜀葵是阳草，作为火烛，可以经久不灭；另一方面，蜀葵具有"向阳"的特征，太阳照到哪里，蜀葵的硕大花朵就热烈鼓掌，一心向阳，众口合一。所以，明朝张瀚《松窗梦语》的解释就明确导向了其象征意义："蜀葵花草干高挺，而花舒向日，有赤茎、白茎，有深红、有浅红，紫者深如墨，白者微蜜色，而丹心则一，故恒比于忠赤。"

20 世纪 50 年代中后期，深谙历史与物性的郭沫若，一边热心书写时局，一边创作，《人民日报》发表了他的《百花齐放》系列诗作。最后一组刊发《蜀葵花》《栀子花》《腊梅花》《梅花》之外，还有《其他一切花》，这就凑成了101首。郭沫若说："我倒有点喜欢一零一这个数字，因为它似乎象征着一元复始，万象更新。这里有'既济''未济'的味道，完了又没有完。'百尺竿头，更进一步'，这就意味着不断革命。"

我从孔夫子旧书网上买到的诗集《百花齐放》印装堪称豪华。

扉页为郭沫若毛笔题写的"百花齐放"和署名，扉页的下一页是名家刘岘作的郭沫若木刻像，浅黄色底，大家风范。背面则是郭的《蜀葵花》毛笔手稿，上面还有一些改动的痕迹，足见他对此诗的重视。也许，这也暗含了身为嘉州人的大文豪对巴山蜀水的怀念？

因为有郭沫若的开路，趋于沉寂的国画家们纷纷挥毫。1958年2月16日和4月8日，《四川日报》发表了国画家梅鹤年的两幅画作，其中有《蜀葵双鸡》，除了引用郭之《蜀葵花》诗，题款之下钤盖自刻的"学工农"圆朱文印，画面右下角钤盖自刻的白文印"为工农兵服务"。

应该注意，蜀葵的属名 *Alcea* 源于《中国植物名录》，原来多写成 *Althaea*，该名录将 *Althaea* 定为异名。*Althaea* 来自希腊文中的 *Althino* 一字，为"治疗"之意。

其实，代表了古蜀木性的木芙蓉与蜀葵均具有微毒，且性滑涎黏，芙蓉叶主清肺凉血，散热解毒，治痈疽肿毒恶疮。李时珍《本草纲目》引述古书《坦仙皆效方》说，利用蜀葵可以制作一剂药，名"怀忠丹"："治内痈有败血，腥秽殊甚，脐腹冷痛，用此排脓下血。单叶红蜀葵根、白芷各一两，白枯矾、白芍药各五钱，为末，黄蜡溶化，和丸梧子大，每空心米饮下二十丸，待脓血出尽，服十宣散辅之。"

唐朝岑参的《蜀葵花歌》有佳句："人生不得长少年，莫惜床头沽酒钱。请君有钱向酒家，君不见，蜀葵花。"个中曲折，很值得细细品味。

《中国蜀葵——走向世界的丝路之花》昭示世人，蜀葵是最早把蜀地之美带往世界各地、具有最高世界知名度的中国之花。面对这样的瑰丽之花，不免让人感叹白云苍狗，人心不古，但蜀葵从未离去。

写到这里，我不禁有些想念川南老家河边散乱开放的蜀葵了，估计它们在巨大的经济风潮下处境不佳，倩女离魂，但不绝迹，就是万幸。可喜的是，近年在成都的很多公园、绿道处，几百万株木芙蓉之外，又可以见到蜀葵风姿绰约的倩影。

2022 年 4 月 20 日于成都

（蒋蓝，中国作协散文委员会委员，四川省作协副主席，四川大学文新学院特聘教授）

目 录

第 一 章

蜀葵小史

荆葵，一名茂葵，一名芘芣，花似木槿而光色夺目，有红，有紫，

有青，有白，有黄，茎叶不殊，但花色有异耳。一曰蜀葵。

——晋·崔豹《古今注》

第

一

节

❖

蜀葵之名与"葵"之辨析

　　戎葵、荕葵、吴葵、荆葵、胡葵、唐葵、立葵、花葵、红葵、大花、芘芣、一丈红、一片红、单片红、梅雨葵、熟季花、蜀季花、蜀其花、吴葵花、步步高、节节高、卫足葵、棋盘花、麻秆花、波波头、豆腐花、斗篷花、饽饽花、饽饽团、光光花、咣咣花、端午花、端午锦、龙船花、大蜀葵、大福琪、大秫花、大麦熟、秫秸花、不害羞、侧金盏、果木花、公鸡花、鸡冠花、饼子花、烧饼花、舌其花、植旗花、大蜀季花、白淑气花……这些形形色色的名字，都是蜀葵的别称。可以说，蜀葵是中国俗名、别称最多的花卉之一！

　　蜀葵，拉丁文学名 *Alcea rosea*，锦葵科蜀葵属的多年生草本植物，原产于中国古代的蜀地，即现在中国西南的四川省，故得名蜀葵。蜀葵是为数不多的以"蜀"命名的花卉之一。

　　"蜀葵"一名最早出现在晋代。训诂学家崔豹在他所著的博物考据类笔记小说集《古今注》中载："荆葵，一名荕葵，一名芘芣，花似木槿而光色夺目，有红，有紫，有青，有白，有黄，茎叶不殊，但花色有异耳。一曰蜀葵。"这里蜀葵之名正式出现，并且崔豹已经认识到蜀葵

花与木槿多有相似之处。南北朝梁代陶弘景在《名医别录》中记载："吴葵，即此也。"吴葵也是蜀葵作为中药名的称呼。宋代的罗愿在名物学著作《尔雅翼》中写到，"今戎葵一名蜀葵，则自蜀来"，明确表明蜀葵自古蜀来。目前世界上最大型、记录植物种类最多的植物志《中国植物志》中将"蜀葵"定为学名。

由于栽培历史悠久，栽种地域广泛，中国各地给蜀葵取了各有特点的名字。其中，"立葵""舌其花""胡葵""戎葵"和"吴葵"等名称都是侧重描述蜀葵的外形或说明其来源。由于蜀葵盛开于梅雨季节，梅雨初期由茎秆基部绽放花朵，沿着直立的茎秆逐渐往上，开到茎的顶端，梅雨季节结束时正好花期结束，故又有"梅雨葵"的雅称。"端午花""栽秧花"等名称，则是根据蜀葵花开的季节以及古时端午赏花的习俗来取的。蜀葵开花正好是在插秧的端午时节前后。我国端午节有赏花、划龙舟、挂菖蒲和艾叶的习俗，蜀葵花正是此时的重要观赏花卉之一。蜀葵与石榴、菖蒲、萱草这些端午时节开花的植物一起作为绘画主题，广泛地出现在古代绘画作品当中，所以蜀葵有"端午花""龙船花"的别称也就不足为奇了。至于广为人

知的称谓"一丈红"，首见于宋代花谱类著作《全芳备祖》："浙间又一种葵，俗名一丈红。"明代陈正学《灌园草木识》提到："一丈红，一名蜀葵，一名红葵。"清代的《广群芳谱》《花木小志》等典籍也提到这一名称。这里的一丈红跟古装剧里出现的后宫刑罚"一丈红"没什么联系，只因蜀葵花多为红色，其茎直立高大，远远看去花开一串，整株都是红色，取"一丈红"之形象。此外，四川、贵州等地还称蜀葵为"淑气花"。淑气指温和之气、天地间神灵之气。蜀葵花开于夏季，正值暑气旺盛之时，所以很可能最初的叫法是"暑气花"，最后写意为"淑气"。还有一名"棋盘花"，成都本地多这样称呼，初看这花跟棋盘怎么也联系不到一起，实际上这名来源于它的果实，蜀葵果实呈扁盘状，里面有多个果爿整整齐齐排列，就好像棋盘一样。

清代康熙年间，浙江人陈淏子在他77岁高龄时，在西湖边著成《花镜》一书。这部流传甚广的花木栽培著作对蜀葵进行了介绍："蜀葵，阳草也。一名戎葵，一名卫足葵。言其倾叶向日，不令照其根也。来自西蜀，今皆有之。"

清

冯霜　节端图　❯

五代十国

黄居寀　花卉写生图册·芙蓉　▲

　　蜀葵与蓉城成都的市花——芙蓉（木芙蓉）同为锦葵科花卉，它们在一些特性上有相似之处，如单朵花的花期都不长。但二者之间的区别还是挺大的。具体而言，芙蓉是木本，蜀葵乃是草本。芙蓉高可数米，蜀葵植株高 2～3 米。蜀葵叶近圆心形，叶片大、粗糙；花腋生、单生或近簇生，排列成总状花序；有红、紫、白、粉红、黄和黑紫等色；单瓣或重瓣，花瓣呈倒卵状三角形。

钱维城　天中瑞景　▶

蜀葵是中国本土最早以产地命名的观赏花卉之一。中国古代早期的文献中，对蜀葵的栽培、植株、叶片、花色、花型都有较为详细的描述。

我国现存最早的一部训诂工具书和语言学著作《尔雅》记载："菺，戎葵。"这里的戎葵，就是蜀葵。戎是古时候对西北各族的简称，这里可以看到作者已经意识到蜀葵是由西部地区传来的。关于《尔雅》的编者和成书时间，历来众说不一。东晋著名文学家、训诂学家郭璞潜心研究《尔雅》几十年，他认为《尔雅》"盖兴于中古，隆于汉氏"。古称伏羲为"上古"，文王为"中古"，孔子为"下古"，周公乃文王之子，亦可称"中古"。郭璞的意思是《尔雅》的编纂起始于周公，成熟于西汉。这一说法为许多后世学者所采纳。不过鉴于目前仍有争议，为严谨起见，我们就以公认的最晚时间——西汉，作为《尔雅》的成书时间。西汉始建于公元前202年，亡于公元8年，照此推算，蜀葵在中国最少也有两千年的历史。

值得注意的是，名字中带"葵"的植物还有很多，如向日葵、秋葵、冬葵、黄秋葵等。古文中"葵"字常单独出现，具体含义多有争议。

现代汉语语境中的"葵"往往首先让人想到向日葵。向日葵为菊科植物，是北美原住民在史前种植的几种植物之一，其商业化发生在俄罗斯。向日葵大约在明代中期传入中国，明世宗嘉靖四十三年（公元1564年）修编的浙江《临山卫志》中有向日葵在中国的最早记载，但只记载了"向日葵"这一名称。明代王象晋的《群芳谱》记载向日葵："丈菊，一名西番菊，一名迎阳花。"植物当中带有"番"字的一般表明来自国外，如番茄。所以《群芳谱》的记载证实向日葵由国外引进，这就说明在明代中期以前古文献里出现的"葵"字与向日葵并无联系。

秋葵原产于热带、亚热带和地中海气候地带，学名为咖啡黄葵，商业上又称黄秋葵，常作为蔬菜食用。我国从20世纪90年代才引进栽培这种植物，所以古文中的秋葵与如今的秋葵并无关系。

最容易混淆的是黄蜀葵、蜀葵以及冬葵，因为古时候"葵"通常泛指这几种植物。《本草纲目》说葵有紫茎、白茎两种，以白茎为好。它的叶大而花小，花为紫黄色，最小的叫鸭脚葵。它的果实大如指尖，皮薄而扁，果仁轻虚，像榆荚仁。四五月种的可留种子，六七月种的是秋葵，八九月种的为冬葵，来年采收。正月又种的叫春葵，而宿根到春天也可再生长。结合文献描述和现代科学研究可清楚，六七月种的秋葵实际上就是黄蜀葵，而八九月与正月又种的指的都是冬葵，只是播种时期有不同；里面描述"果实大如指尖，皮薄而扁，果仁轻虚，像榆荚仁"的是蜀葵。结合这几种植物的形态特征，其实可以做一区分：冬葵即冬寒菜，文献中常出现的名字有冬葵子、葵菜、滑菜、葵藿、露葵等，其花很小，白色或淡紫红色，古时候做蔬菜食用，所以文献中多描述其食用和药用方面的特性。如北宋梅尧臣说"终当饭葵藿，此味不为欠"，清代姚燮在《田家杂兴十五章·其六》中说"老妪摘葵藿，切叶烹为浆"。黄蜀葵在文献中也被称为秋葵、戎葵等，这些名称有时也指蜀葵，故二者最易混淆。黄蜀葵叶深裂至基部，形似鸡爪，与蜀葵有区别；蜀葵叶浅裂、不裂或深裂，但以浅裂者居多。黄蜀葵花为鹅黄色，花心为紫色，又称黄葵、棉花葵、秋葵、侧金盏等，花与蜀葵有很大区别，其花期在秋季。如明末清初彭孙贻《秋葵》诗云："秋阳脉脉写朝暾，浅著鹅黄韵独存。"又如李白在《古风·其五十二》中提到："光风灭兰蕙，白露洒葵藿。美人不我期，草木日零落。"蜀葵花色丰富，所以古文中描述的色彩丰富的"葵"都是蜀葵。清代多情才子乾隆皇帝曾作《蜀葵》诗，云："蜀葵名不一，菺薪皆其类。岂似秋葵花，正色无杂异。"乾隆皇帝很清晰地点明了蜀葵与黄蜀葵的区别：蜀葵名称多且色彩丰富，而黄蜀葵则仅有黄色。

古文中我们还经常可以看到"卫足葵"这一名称。"卫足葵"最早出现在《左传》中。仲尼曰："鲍庄子之知不如葵，葵犹能卫其足也。"有很多文献把这里的"葵"解释为葵菜（也就是冬葵）或黄秋葵，但《中文大辞典》"卫足"条引《左传·成公十七年》为例，释为"蜀葵之别名"；《花镜》也说蜀葵有卫足葵的别名，而蜀葵和冬葵叶片都很大，都具有保护其根免受日晒的功能，所以"卫足葵"可能泛指的是锦葵科这一类叶片大且向阳的植物。

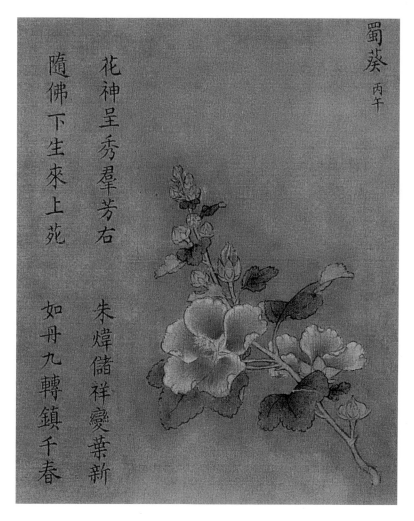

蜀葵 丙午

花神呈秀羣芳右　　朱煒儲祥變葉新

隨佛下生來上苑　　如丹九轉鎮千春

南宋

杨婕妤　百花图卷　▲

第
二
节

✿

蜀葵栽培小史

蜀葵有超强的适应性，既能耐零下40摄氏度的严寒，又能忍受38摄氏度之高温，而且即使播种在贫瘠的土地上都能生根、发芽、开花，是世界上少有的生存适应温差极大的既耐寒又耐热的花卉。在中国广袤的大地上，从南边的海南到北边的内蒙古，从最东的黑龙江到最西的新疆，从低海拔的长江中下游平原到高海拔的青藏高原，从南到北、从东到西，处处都有蜀葵的身影。

据史料记载，最迟在汉代，皇家园林中就已经出现了蜀葵。汉代文学家、科学家张衡在《西京赋》中描述皇家园林上林苑的景色时便提到了戎葵："草则藏莎菅蒯，薇蕨荔芫。王刍葺苔，戎葵怀羊。"据郭璞注，戎葵为蜀葵。

汉代园林建筑上林苑是汉武帝刘彻于建元三年（公元前138年）在秦代的一个旧苑址上扩建而成的宫苑，规模宏伟，宫室众多，有多种功能和游乐项目。上林苑宫苑地跨今长安区、鄠邑区、咸阳、周至县、蓝田县五区县境，有渭、泾、沣、涝、潏、滈、浐、灞八水出入其中，既有优美的自然景物，又有华美的宫室组群分布其中，是包罗多种多样生活内容的园林总体，可以说是我国最早的植物园和动物园，更是秦汉时期建筑宫苑的典型。有人或许会好奇：蜀葵为何能出现在汉武帝的皇家园林中呢？其实这并不难理解。因为蜀葵不仅花色鲜艳，有富贵、高雅的气质，而且茎秆高直，有挺拔威武之姿，而汉武帝时期的西汉国力强盛，蜀葵正可匹配汉武帝傲视天下的雄心壮志。

明 周臣 山亭纳凉图轴

值得一提的是，蜀葵进入皇家园林，自汉武帝时期开始，就未曾断绝。

前文提到《古今注》中有关蜀葵的记载证明西晋时人们已对蜀葵的形态和花色有所认识。此外，西晋傅玄在《蜀葵赋》中也说："蜀葵，其苗如瓜瓠，尝种之，一年引苗而生华，经二年春乃发，既大而结鲜，紫色曜日。"言其花紫色。而南朝梁文学家王筠《蜀葵花赋》有云："惟兹奇草，迁花西道，凌金坂之咸夷，跨玉津之浩浩。值油云之广临，属光风之长埽。仰椒屋而敷荣，值兰房而舒藻。迈众芳而秀出，冠杂卉而当闻。既扶疏而云蔓，亦灼烁而星微。布护交加，蓊茸纷葩。疏茎密叶，翠萼丹华。"写来铺张渲染，似乎夸张得过分一些，但可见当时蜀葵已被人们欣赏，其栽培亦极兴盛。

唐代为蜀葵栽培鼎盛时期。陈藏器所编著的《本草拾遗》称蜀葵"花有五色"。著名边塞诗人岑参有代表作品《蜀葵花歌》："昨日一花开，今日一花开。今日花正好，昨日花已老。始知人老不如花，可惜落花君莫扫。人生不得长少年，莫惜床头沽酒钱。请君有钱向酒家，君不见，蜀葵花。"描述了蜀葵花期短暂的开花习性。还有徐夤写《蜀葵》："剑门南面树，移向会仙亭。锦水饶花艳，岷山带叶青。文君惭婉娩，神女让娉婷。烂熳红兼紫，飘香入绣扃。"陈标写《蜀葵》："眼前无奈蜀葵何，浅紫深红数百窠。能共牡丹争几许，得人嫌处只缘多。"这描写了当时蜀葵普遍栽植，花色繁多。唐代苏鹗撰写的笔记小说集《杜阳杂编》载，处士伊祁玄解为皇上种六合葵于殿前，色红而叶类于戎葵，始生六茎，其上合为一株，共生十二叶，内出二十四花，花如桃花而一朵千叶，一叶六影，其成实如相思子。其实，六合葵六茎其上合为一株，必是经园艺家之手而成，可见当时蜀葵栽培的园艺水平已然很高。

唐朝作为中国历代最为开放的朝代之一，对外交流十分密切，蜀葵正是在这一时期通过朝鲜半岛传到了日本。有文献记录，蜀葵在日本平安时代从大唐传入，当时称为唐葵，到了江户幕府时期，蜀葵又被称为立葵。

　　这一时期还流传着一个与蜀葵有关的传奇故事。据唐代韩琬《御史台记》记载，贞观年间，有个名叫裴明礼的"破烂王"为讨生活，只得干点"收人间所弃物"之类的小买卖。其做生意的诀窍是"收人间所弃物，积而鬻之"，类似于今天的废品收购站。在存下了"第一桶金"后，裴明礼便在京城长安金光门外买下一块荒地。这块地因荒废多年，遍地瓦砾，庄稼不生。颇有生意头脑的裴明礼决定在荒地上开一家类似现在的"减压俱乐部"的店铺。他打出了广告：过往男女老少可在荒地上捡石头瓦砾往挂在木杆上的一个筐里投掷，投中的有奖。这主意简直是一箭三雕：不仅用少量的费用就清理了瓦砾，而且还可以把收集起来的瓦砾拿去销售，赚一笔不小的财富，当然也让来参与活动的人们玩个开心。等瓦砾清理干净后，几场大雨下来，荒地上长满了野草。于是，裴明礼又饲养了牛羊。有了牛羊提供的有机肥，裴明礼又栽种满园蜀葵和其他花草。与此同时，他还在房前屋后安置了蜂箱，养蜂取蜜。就这样，一条完整的生态链就算是初步建成了：牛羊产生的粪便，经发酵后成为花草的最佳养料，长势良好的花草反过来又为牛羊提供食物来源。蜜蜂在蜀葵花和其他花草上采蜜，酿成蜂糖。出售蜂糖收益大幅增加后，又可以再增加牛羊的数量。如此这般，裴明礼从昔日的"破烂王"成了著名的商人。唐太宗李世民听说裴明礼的故事后，认为此人是个难得的人才，于是让他做官，"自古台主簿，拜殿中侍御史，转兵吏员外中书舍人"，人生从此逆袭。后裴明礼又升任太常寺卿，成为九卿之一！

北宋
苏汉臣　重午戏婴图轴

在这个传奇的故事里，有一个被很多人忽略的细节，那就是裴明礼最初选择种植的花草主要的品种是蜀葵。这实在是聪明之举。何以如此说呢？其原因有三：一是蜀葵适应环境能力强，对土质与肥力要求不高，甚至可以在含盐量 0.6% 的土地上生存，属于耐碱性植物，非常适合在撂荒多年的土地种植。二是蜀葵除了叶大、茎秆高的特点外，还是少有的大直径花卉，花朵完全舒展开来大小与成年人的手掌无二，花色艳丽，其花色数可达十种，多以红、粉、白三种颜色绽放在人们眼前，观赏价值颇高。其叶片可以为家畜提供食物来源，艳丽的花色还可以吸引蜜蜂采蜜授粉，实为优良的经济作物。三是蜀葵花期长，一般从五月开始。《广群芳谱》载："五月繁花莫过于此……花开最久，至七月中尚蕃。""蕃"为草木茂盛之意，也就是说直到农历七月中旬蜀葵花仍然生长茂盛。花期长，意味着蜜蜂采蜜时间就更长，也就能够在较长的一段时间内源源不断地提供经济产出。加之它是多年生，同时其种子自播力强，无需重复栽种，这便减少了许多劳动和心力。

到了宋代，各类典籍对蜀葵的植株、叶片、花色、花型有了更为详细的记述。北宋周师厚撰写的《洛阳花木记》成书于1082年，书中载"洛阳有剪棱蜀葵、九心蜀葵"，可见当时的栽培品种已较丰富。这也是世界范围内对蜀葵园艺品种分类的较早记载。南宋吴子良在《葵花》中说："花生初咫尺，意思已寻丈。"这说明蜀葵植株之高，已在众花之上。此外，北宋洪刍的《香谱》记录了蜀葵造香品之法。南宋林洪在《山家清事》中记载了葵笺制造之法。插花艺术发展到极盛时期的宋朝流行瓶插蜀葵。北宋教育家温革在《分门琐碎录》里说："蜀葵插瓶中即萎，以百沸汤浸之，复苏，亦烧根。"其原理可能为蜀葵韧皮部组织的筛管经沸水浸烫

而变性，使体内有机物质不致外溢水中，而
木质部可以把水、无机盐运到花朵上，故能
延长蜀葵开花时间。南宋时，蜀葵还作为主
题图案样式出现在皇室于端午节赏赐给宫廷
内眷、亲王的画扇中。可见当时蜀葵不仅栽
培广泛，还融入了皇室以及寻常人家的生活。

　　唐宋时期涌现出了许多关于蜀葵的诗词
佳作，蜀葵开始成为许多文人的情思寄托。
金代与元代时期仍然有不少诗词描写蜀葵，
与此同时还出现了大量蜀葵画作。如元代许
衡《继人葵花韵》的"戎葵花色耀深浓，偏
称修丛映短丛"，诗句描述了蜀葵相映生辉
的草木繁盛景象，说明蜀葵当时被广泛栽种
在庭院观赏。

吕文英　竹园寿集图　▲

明清时期出现了中国古典园林发展的第二次高峰，园林植物的栽培繁育得到了长足发展，这一时期出现了许多园艺相关的著作。杨穆在《西墅杂记》中描述蜀葵"五尺栏杆遮不尽，尚留一半与人看"，描写了蜀葵植株生长旺盛、茎秆挺拔俏丽的特点。明代画家、文学家文征明的《庭前蜀葵》也对蜀葵高大的植株特点作了描写："庭下戎葵高十尺，紫蕤入帘明的砾。谁令艳质不逢春，却

有丹心解倾日。轻尘不飞朱夏清，翠翘镂日阴亭亭。南风吹怖残酒醒，寂寞阑干昼方永。"王世懋所著《学圃杂疏·花疏》描述蜀葵花色"黑者如墨，蓝者如靛"。高濂撰《遵生八笺》中的"戎葵条"说："色有红、紫、白、墨紫、深浅桃红、茄紫，杂色相间。"王象晋《群芳谱》总结前人的认识，记述蜀葵花"色有深红、浅红、紫、白、墨紫、深浅桃红、茄紫、蓝数色"，表明在当时蜀葵已出

现丰富多样的花色。王象晋的《群芳谱》还记载有蜀葵的天然杂交选种法："收子以多为贵。八九月间锄地下种……至春初，删其细小，余留在地，频浇水，勿缺肥。当有变异色者，发生满庭……寻千叶四五种，墙篱向阳处间色种之。"对采集的大量种子进行播种、栽培观察，发现有变异的植株出现，说明蜀葵可以实现自然杂交。在变异的植株中寻找难得的"千叶"品种，并将各色品种交错种植，可达到混栽的美观效果，这是对蜀葵品种选育的记载。由此可见当时园艺水平发展到了一定程度，蜀葵广受民间喜爱，所以有广泛的栽植和培育记载。

根据李时珍的《本草纲目》记载，蜀葵房前屋后都可以生长，春播种子，夏季开花，冬季地上部分死亡，以宿根状态越冬，而且蜀葵嫩叶还可作为蔬菜食用。

明

钱谷　求志园图卷　▼

敦煌莫高窟 第409窟　**回鹘王妃手持黑蜀葵礼佛供养像**　▲

　　清代陈淏子的《花镜》有较多关于蜀葵的记载，蜀葵"叶似桐，大而尖，花似木槿而大，从根至顶，次第开出，单瓣者多，若千叶、五心、重台、剪绒、锯口者，虽有而难得。若栽于向阳肥地，不时浇灌，则花生奇态，而色有大红、粉红、深紫、浅紫、纯白、墨色之异。好事者多杂种于园林，开如绣锦夺目。"谢堃《花木小志》云："细审之，其色有深红、桃红、水红、秾紫、淡紫、茄皮紫、浅黑、浑白、洁白、深黄、浅蓝十余种。"高士奇在《北墅抱瓮录》中说："诸色间杂，尤极绚烂。"这与我们如今看到的蜀葵品种相差无几，涵盖红、橙、黄、白、黑等几大色系，并且花色中还多有间色，可见蜀葵花色的丰富多彩。古人所讲的蓝色蜀葵目前已经无从得见了。幸运的是，黑色蜀葵在如今还能见到。清代的顾嵘《绝句三十首·其七》："故山泉石倚稽家，谁锁天涯度岁华。归向吴姬借并剪，循墙芟落墨葵花。"还有清代的彭孙遹七言律诗《墨葵》："北园卉物正姜妍，闲眺芳林色黝然。朝露初晞花气暖，商飙未至墨痕鲜。人因盛饰知孙黑，客有幽栖草太玄。何不将心屏尘黩，一倾葵藿向尧天。"这里提到的便是黑色蜀葵花。

　　花的颜色是受花青素以及光照、温度、水分等条件综合影响的，自然界中我们常见到的花以红、黄、橙、白为主，这是因为这些花能够反射阳光中含热量较多的红、橙、黄三色光波，以免被灼伤。但黑色的花朵却能吸收阳光中的全部光波，在阳光下升温很快，导致花瓣局部组织受到伤害而很快凋谢，所以黑色的花在自然界中都是比较少见且珍

五 代

敦煌莫高窟第 76 窟　　八大灵塔之第七塔　▲

贵的，而且花朵的颜色多来自花青素和类胡萝卜素，并没有黑色的花青素存在，所以黑色的花大多也是接近黑色的深紫色花和深红色花，就是所谓"红得发紫，紫得发黑"。

明清两代的不断选择，使蜀葵园艺品种倍增，并充实了其分类系统。根据当时记载的品种和现今品种对比，清末之后恐亦有品种丢失。关于蜀葵的播种时间，陈淏子在《花镜》中也有记录："八月下种，十月移栽，宿根亦发。嫩苗可食。当年下子者无花。其梗沤水中一二日，取皮作线，可以为布。"当年下子者无花，意在表明蜀葵开花需要经历低温春化作用，低温不足会引起开花晚甚至一年无花。现代栽植蜀葵方法与《花镜》中描述的一致，在秋季 10～11 月播种，于次年 5 月花朵次第开放。同时该文献中还记载了蜀葵的茎秆可以加工为纺织用品。

素芳瀹�\
謹偶宜\
諍仙木\
海榴艶

誶識紅\
採敷能\
色水晶\
葵幾雜\
暎台嗔\
輎瑞圓

清\
邹一桂　蜀葵石榴　▲

清\
郎世宁　雍正十二月行乐图·五月竞渡　▶

蜀葵在清代的皇家园林中广泛应用。雍正三年（1725 年）八月圆明园修葺一新之后，雍正皇帝经常在园中居住并在此办理公务，他明谕百官"每日办理政事与宫中无异"。现藏于台北故宫博物院的清院本《十二月令图》和北京故宫博物院的乾隆年间郎世宁所绘《雍正十二月行乐图》都描绘了当时圆明园里的日常生活。在郎世宁笔下的月令图《雍正十二月行乐图·五月竞渡》（见右图）中，万棹齐飞，喧阗旗鼓，紧张而热烈的竞争引得两岸民家凭栏观赏，在炎暑季节激荡起一片热潮，沿岸栽植的蜀葵、石榴花和菖蒲花开正烈、争奇斗艳。

清

佚名　玫贵妃春贵人行乐图　▶

清

余穉　端阳景图　◀

现藏于故宫博物院的清咸丰帝时宫廷画家所绘的《玫贵妃春贵人行乐图》（见右图）描绘了咸丰皇帝的玫贵妃、春贵人和鑫常在御花园休闲游玩的场景。画中的红色、黑色复瓣蜀葵花美艳动人，身着蓝色旗装的鑫常在微微弯着腰，左手上捧满刚摘下的蜀葵花，右手伸出去还欲采摘。由此可见，在圆明园、清漪园、故宫御花园等皇家花园里，优美雅致的蜀葵都是重要的栽培花卉。值得一提的是，在当时，皇亲贵族的家眷之间流行古雅之美。王小舒在《中国审美文化史·元明清卷》中总结清代的审美特征时说："清代可以举出的、最为突出的习尚便是对古人行为的追踪与效仿，也即以古雅为美。"而蜀葵的形态正好符合皇亲贵族的审美，所以，御花园中的蜀葵广受欢迎。

晚清时期，醇亲王奕𫍯也曾在自己的府邸广种蜀葵。说到奕𫍯，还有一件足可载入蜀葵发展史册的大事。光绪十四年（1888年），清末著名摄影师梁时泰拍摄制作的

雍正皇帝对端午很重视，他的儿子乾隆也是如此。乾隆曾在他的《竞渡》一诗中写下"昆明闪金波，回堤灿蜀葵。中流九龙舟，谁肯相参差"的诗句。蜀葵也是宫廷画师喜爱的创作题材。乾隆年间宫廷画师余穉所绘的《端阳景图》（现藏于北京故宫博物院）就描绘了端午的时令景物，画中有蜀葵、菖蒲、蜻蜓、蟾蜍等，一派生机盎然的欢欣景象。这些生活中常见的东西，被画家深情地摄取到画面上来，表达出对家乡的眷念和对生活的热爱。

醇亲王府邸的蜀葵组照 （梁时泰　摄）　▲

《醇亲王奕譞及其府邸》相册，让人们能够穿越时空，近距离地感受光绪皇帝的"潜龙邸"——醇亲王奕譞府邸。这本相册共收入人物照 7 张，建筑景观及花卉照 53 张，其中含有蜀葵花的照片 15 张。梁时泰拍摄的这组蜀葵照片是全世界目前发现的拍摄时间最早的一组蜀葵照片，也是世界上最早的花卉照片之一。性喜阳光的蜀葵，在历史传承中逐渐演化为无二心的忠臣。奕譞在自己的府邸广种蜀葵，其实是想借蜀葵向当时的掌权者慈禧太后表达自己的忠心。

现在，蜀葵因其自身极强的适应能力和优美姿态，在中国被更为广泛地种植，从田间地头到城市园林，到处都有蜀葵的身影。传统的蜀葵植株高大，富有野趣，而现代为了适配不同的栽植环境，更是培育出了矮化品种，使得蜀葵走进了现代城市千家万户的花园亭台。

2013 年 5 月，周小林、殷洁夫妇在成都市金堂县启动鲜花山谷建设项目，该项目最重要的目的就是种植原产中国西南的传统观赏花卉，其中最重要的就是蜀葵。鲜花山谷广收国内外的蜀葵资源，成为现在世界上面积最大、品种最多的蜀葵种植基地及观赏基地。每到初夏，各色蜀葵向阳而开，鲜花山谷成为蜀葵花海。

第

三

节

蜀葵的文艺表达及域外传播

　　在蜀葵两千多年的栽培历史中，无数文人对它青睐有加。从魏晋南北朝的傅玄、颜延之，到唐代的李世民、卢照邻、张九龄、孟浩然、李白、杜甫、岑参、白居易、刘禹锡、元稹、李贺、陈陶、陈标、徐夤，再及北宋的范仲淹、司马光、王安石、苏轼、苏辙、黄庭坚，南宋的陆游、范成大、杨万里、辛弃疾、文天祥，再到元代的许衡、刘因，明代的李东阳、陆师道、程敏政，以及清代的吕兆麒、蒋廷锡、张之洞……中国历史长河中，蜀葵以各种意象出现在美妙的诗词歌赋之中。

　　而在中国花鸟画中，花色艳丽的蜀葵也成为历代画家笔下的主角。从唐代到五代十国，经宋、元、明、清，再到近现代，边鸾、韩滉、周文矩、苏汉臣、赵昌、何尊师、李嵩、林椿、毛松、毛益、鲁宗贵、钱选、任仁发、唐棣、王渊、张中、陈谟、戴进、边景昭、沈周、吕纪、周臣、唐寅、文征明、陆治、杜堇、文嘉、钱谷、陈栝、王维烈、陈鸿寿、蔡嘉、陈枚、陈书、费丹旭、改琦、华嵒、蒋廷锡、焦秉贞、金农、郎世宁、冷枚、李鱓、罗聘、钱维城、任伯年、沈铨、王时敏、王武、奚冈、项圣谟、徐扬、余稺、虞沅、恽冰、恽寿平、周铨、邹一桂、丁观鹏、吴昌硕、齐白石、黄宾虹、程瑶笙、陈半丁、陈师曾、徐悲鸿、于非闇、潘天寿、李苦禅、张大千、江寒汀、胡絜青、陈子庄、俞致贞、程十发等，都创作了众多展现蜀葵花之美的绘画作品。

清

费丹旭　钟馗捉鬼图　▶

值得一提的是，从隋唐开始，蜀葵还大量出现在丝绸之路沿线的敦煌壁画、敦煌遗画的主尊佛像画、佛经故事画、供养人像画中。它们或用于装饰图案，或作为供养人所持花，或绘于衬景之中，或作散花飘于天际。蜀葵是整个敦煌壁画中为数不多能够被准确辨识的花卉植物之一。

事实上，蜀葵是"一带一路"的见证者。据考证，最迟自 8 世纪起，蜀葵就穿越绵延万里的古老丝路，通过北方、南方和海上三条丝绸之路，被引种到日本及中亚、南亚、西亚、北非、欧洲。在中国众多美丽的花卉植物中，蜀葵是最早被引种到欧洲的中国花卉之一。它比中国的菊花、牡丹、茶花、月季、杜鹃、木兰、珙桐、百合、翠菊等花卉传入欧洲的时间早一两个世纪。

自 16 世纪起，来自遥远东方的中国蜀葵就已经成为欧洲画家最为喜爱的迷人花卉。在众多的西方绘画中都能见到蜀葵的身影，在提香、鲁本斯、理查德·韦斯托尔、扬·凡·海瑟姆、马里亚诺、威廉·阿道夫·布格罗、凡·高、莫奈等西方著名画家笔下，花大色艳、五彩斑斓的中国蜀葵成为美的精灵。

不仅如此，蜀葵还被歌德、司汤达、巴尔扎克、雨果、安徒生、夏洛蒂·勃朗特、马克·吐温、劳伦斯、川端康成、海明威等文学大家写进了他们的不朽作品。

到了近现代，很多国家的歌曲、动漫、电影、邮票上也都有蜀葵的痕迹，五彩缤纷、优美雅致的蜀葵正成为中国花卉的代表，也让中国的美丽传播到了世界的每一个角落……

敦煌莫高窟第328窟　供养菩萨像

第 二 章

蜀葵在华夏

SHU

KUI

ZAI

HUA

XIA

京师人自五月初一日，家家以团粽、蜀葵、桃柳枝、杏子、林禽、奈子，焚香或作香印。

——北宋·吕原明《岁时杂记》

第
一
节

❖

文学中的蜀葵

❀ **恐是牡丹重换紫**
　　又疑芍药再飞红

　　蜀葵花五彩缤纷，尤以红艳为最，可以说，蜀葵之美是它能走入千家万户的第一原因。西晋时期文学家、思想家傅玄在《蜀葵赋》序里写道：

　　蜀葵，其苗如瓜瓠，尝种之。一年引苗而生华，经二年春乃发。既大而结鲜，紫色曜日。

　　傅玄对蜀葵的外形及生长情况做了写实表达，蜀葵花"紫色曜日"的美让人过目难忘。蜀葵之美也让唐代诗人徐夤看在眼里。他在诗歌《蜀葵》中写道：

　　剑门南面树，移向会仙亭。锦水饶花艳，岷山带叶青。
　　文君惭婉娩，神女让娉婷。烂熳红兼紫，飘香入绣扃。

　　这首五律具有浓厚的地方色彩，是状写成都锦江与蜀葵的名篇。首联写剑门至会仙亭一带，到处都是盛开的蜀葵花，景色迷人。颔联写锦江水被盛开的蜀葵花倒映得鲜艳无比，就连远处的岷山也被蜀葵叶染得青翠欲滴。颈联说如此美艳的蜀葵，就连美女卓文君和神女也要礼让三分，甚至自愧不如，形象地衬托出了蜀葵之美。尾联说，蜀葵花姿烂漫，红紫相衬，阵阵花香飘入了闺房。

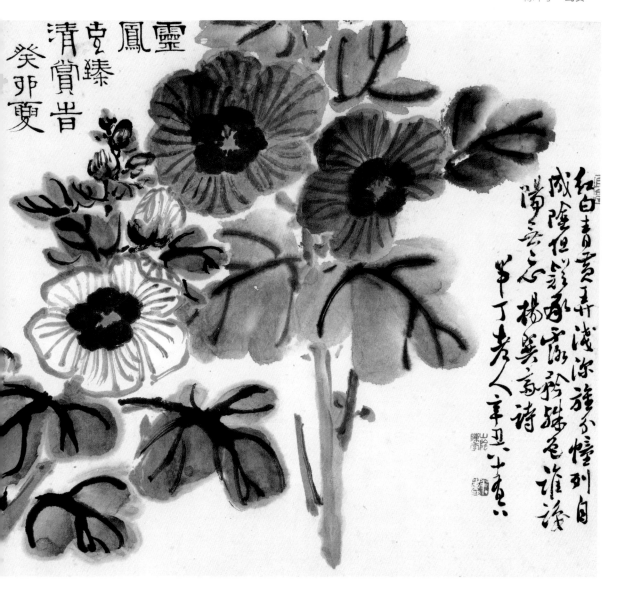

唐代诗人陈陶和宋代诗人杨巽斋的蜀葵诗在写蜀葵之"美"方面别开生面。陈陶诗云：

绿衣宛地红倡倡，熏风似舞诸女郎。
南邻荡子妇无赖，锦机春夜成文章。

此诗前两句不言蜀葵叶茂，而说绿叶垂地如舞衣，且以鲜艳繁茂的花朵相配。蜀葵在夏日的和风中摇曳，犹如女郎翩翩起舞。

而杨巽斋诗云：

红白青黄弄浅深，旌分幢列自成阴。
但疑承露矜殊色，谁识倾阳无二心。

诗中，杨巽斋首先注意到的是蜀葵的花色花姿，他起笔连用"红""白""青""黄"四种颜色和"深""浅"两个表程度的形容词，勾画出蜀葵花姹紫嫣红、浓淡有致的形象，而一个"弄"字，就让蜀葵的形象更加形神兼备：蜀葵使出浑身解数，争芳吐艳，大展风姿艳容之美。接着，杨巽斋再用军事术语"旌分幢列"来形容蜀葵的挺拔，使人有新鲜振奋之感，同时蜀葵花排列整齐，极有秩序，或上或下，或密或疏，又给人一种整体美。三四句写蜀葵的品德，指出它花色虽然耀人眼目，但无矜持自傲之心，只一心向阳。蜀葵美艳而不妖，率直爽快，有英雄之色。

〔唐〕
李鱓 蜀葵 ▼

到了宋代，随着蜀葵花色不断增多，文人们的赞美之词更是不绝于耳，孔平仲的《咏蜀葵》就是代表。诗曰：

绰约佳人淡薄妆，天真自恃不熏香。
低头无语娇尤甚，更著新翻浅色黄。

蜀葵的生长特点是"挺然而立"，其叶大而葱碧，整个植株给人一种婷婷然的美感，玉树临风一般，招人喜爱。花开放在叶芽间，大朵大朵的，紧紧地簇拥着枝干。《咏蜀葵》将蜀葵花的形象刻画得淋漓尽致：蜀葵花像一个化了淡妆的女子，姿态柔美娇矜，无需通过香气来增加魅力值。它就犹如美人一般，娇羞而立。只有在太阳升起时，才舒展瓣瓣花叶，昂首向日。

著有《资治通鉴》的北宋著名史学家司马光则在《和昌言官舍十题·蜀葵》中这样描写他见到的蜀葵：

白若缯初断，红如颜欲酡。
坐疑仙驾严，幢节纷骈罗。
物性有常妍，人情轻所多。
菖蒲傥日秀，弃掷不吾过。

蜀葵花开了，白者似织布机上新剪下来的新丝缎，红者如女子酒后颊上飞起的红霞。这蜀葵植株高大健壮，一簇簇好比神仙出行时座驾仪仗端庄，花叶排列整齐如旌旗骈比罗列。司马光一生官场顺利，在晚年时因好友之事自请退居洛阳，买地二十亩，辟为"独乐园"。此园被后世视作儒臣与文人园林的最高典范。在此园十五年间，司马光主持编写《资治通鉴》，名垂千古。司马光的诗作总体平易质朴，与其为人处世的风格一致，"视地然后行，顿足然后立"。他的诗歌强调"诗以言志"。他在感叹蜀葵花本拥有如此非凡之美后，笔锋一转，对蜀葵虽美却不被人所重提出了自己的看法。

蜀葵之美，首先美在其颜色。两宋之交另有一位"江西诗派"的杰出代表、有"诗俊"之称的陈与义这样盛赞蜀葵：

恐是牡丹重换紫，又疑芍药再飞红。
妖娆不辨桑间女，蔽芾深迷芋下翁。

在陈与义眼中，蜀葵与倾国倾城之牡丹、芍药亦可争奇斗艳，其美可媲美采桑女，令老翁亦迷醉其中。

在接下来的金代，蜀葵频频出现在文人们的诗词中。比如祝简的《杂诗二首·其二》：

榴花娇欲斗罗裙，石竹开成碎缬文。
更有戎葵亦堪爱，日烘红脸酒初醺。

（明）

陈谟　蜀葵花鹅　▸

在初夏园林，石榴花开殷红似火，娇艳欲胜姑娘身着的罗裙，那碧叶纤枝、青翠成丛的石竹高高低低、密密层层，花开有若团锦叠绣。更有盛开的蜀葵花在阳光下分外艳丽夺目，好似女儿酒后脸上泛起的红晕，楚楚动人。整篇读下来，完全就是一幅绝妙的园林风景彩墨画。可以看出，祝简的诗歌在表现生活感受和描写自然景色方面颇有独到之处，具真情实感，带给人一种艺术享受。

元代诗词刻画蜀葵也给以人艺术享受。被誉为"百科书式的人物"、元代理学传播第一人、大思想家许衡的《继人葵花韵》即是如此。诗曰：

蜀葵花色耀深浓，偏称修丛映短丛。
绛脸有情争向日，锦苞无语细含风。
舒开九夏天真秀，压倒千年画史工。
但恨主人贫且窭，不教相对舞衣红。

在这里，许衡描述了各色蜀葵相映生辉的草木繁盛景象：在满目的深翠之中，蜀葵争相开放，深红的花密密匝匝，一朵朵、一串串，互相争奇斗艳，分外耀眼。"但恨主人贫且窭，不教相对舞衣红"，蜀葵花如此漂亮，可惜主人却很贫穷，不能让着红衣的女子在花前起舞。许衡的一生都处在"出"与"处"、"隐"与"仕"的矛盾之中，幸好他从淡然静逸的大自然中找到了共鸣，寄寓了自己高洁的人格理想。山水景物不仅娱目怡情，而且能让人从俗世中获得超脱。

蜀葵花色多，不仅令人赏心悦目，而且还能引人思考。人称"五湖先生"的陆师道就在《蜀葵》中说出了自己的感悟。诗曰：

向日层层折，深红间浅红。
无心驻车马，开落任熏风。

在诗人看来，蜀葵朝着太阳层层折腰，花色有深红、浅红许多种，但诗人却无心驻马停车观赏，因为蜀葵自开自落，任随南风，自有一种隐逸高洁的品行。诗人不刻意停留的行为亦如蜀葵般自在洒脱。

❀ 花根疑是忠臣骨
开出倾心向太阳

蜀葵花叶都有向阳的习性，太阳在哪个方向，其花叶就朝向哪个方向。西汉的哲学著作《淮南子·说林训》就说：

圣人之于道，犹葵之与日，虽不能与终始哉，其乡之诚也。

意思是，圣人对于至道的追求，就好像葵与太阳的关系，虽然不能与太阳共始终，但永远朝向太阳的方向即可见其诚心也。后来，人们逐渐以太阳喻君王或朝廷，而将性喜阳光的蜀葵比作无二心的忠臣。在古代的儒家社会，知识分子无不志在求取功名，服务宗庙社稷，君臣之间的关系也被严格规范。因此，将蜀葵向阳的习性借喻为精忠报国，或用蜀葵言其心志，已成为历代文人题咏的核心精神，正所谓：

花根疑是忠臣骨，开出倾心向太阳。

⟨明⟩
沈周　溪山草阁图　▼

清 李鱓　忠孝图 ◂

比如《三国志·魏书·陈思王植传》中，曹植向皇帝哥哥曹丕恳求可以"存问亲戚"时有一番表白：

若葵藿之倾叶，太阳虽不为之回光，然终向之者，诚也。窃自比于葵藿，若降天地之施，垂三光之明者，实在陛下。

曹植此语点破了问题的实质，即"葵藿之倾叶"，始终向着太阳，这也成为下属或臣子对上司或君主表白赤胆忠心的常用语。

事实上，魏晋南北朝时期，咏蜀葵的文学作品有很多，表达忠君之心是其比较重要的一个方面。

井维降精，岷络升灵。
物微气丽，卉草之英。
渝艳众葩，冠冕群英。
类麻能直，方葵不倾。

这是南朝宋文学家颜延之（384—456

年）的《蜀葵赞》。颜延之的大部分政治生涯都是在北魏孝文帝朝代度过的。文帝在位时，对文才出众者特别是出身士族的文士格外看重，对待文人往往比较宽容。然而孝武帝即位后，这种相对宽松的政治环境便不复存在了。孝武帝为加强皇权实施了更严厉的措施，其中最重要的一项便是提拔次等士族和寒人，打压世家大族。于是，颜延之也一改其狂士的作风。颜延之在政治重压下做出的变通，也体现在《蜀葵赞》中。因为蜀葵高拔挺直，开花时永远朝着太阳的方向，因此被诸多文人借以表达忠君之意。当时，在颜延之看来，用蜀葵表达自己的忠君思想，也是一种不得不为的行为。当权者对此颇为受用。当然，在这里，颜延之还借蜀葵表达另外一层隐喻，那就是坚持自我，不愿随波逐流。在他的诗文中，蜀葵具有独立自持、高洁无畏的精神形象。不管怎样，正是这样的明智之举，颜延之得以安然平静地度过了生命中的最后三年。

唐代杜甫是我国伟大的爱国诗人，爱国思想始终是其诗歌的灵魂，这首《自京赴奉先县咏怀五百字》也不例外。诗曰：

杜陵有布衣，老大意转拙。许身一何愚，窃比稷与契。居然成濩落，白首甘契阔。盖棺事则已，此志常觊豁。穷年忧黎元，叹息肠内热。取笑同学翁，浩歌弥激烈。非无江海志，潇洒送日月。生逢尧舜君，不忍便永诀。当今廊庙具，构厦岂云缺？葵藿倾太阳，物性固莫夺。顾惟蝼蚁辈，但自求其穴……

这首诗在杜甫创作史上具有划时代的意义，在中国文学史上也具有里程碑的意义。在政治上，杜甫是一个不得志者，但他始终不放弃自己的理想和抱负，怀着爱国忧民的情感，寻找为国家效力的机会。此诗记录了安史之乱前夕他在途中所感。诗一开篇，杜甫就明明白白说出了自己为国效劳的生平抱负，却又以"拙""愚"自嘲迁阔。因此备尝"契阔"，却心甘情愿。是做一个江海志之士，放浪于江海之上，不再考虑国家大事、关心民生，还是心忧天下，辅助朝廷？杜甫有他明确的答案："葵藿倾太阳，物性固莫夺。"他希望有一个体恤老百姓的朝廷，"生逢尧舜君，不忍便永别"，虽说朝廷上人才济济，不缺他一个，无奈他忠君爱国，如蜀葵花向日，禀性不能改变。需要指出的是，"葵藿倾太阳，物性固莫夺"中的"太阳"，杜甫确指当时皇帝——唐玄宗，而"葵藿"则是用来指代自己。葵花朵朵向太阳，杜甫在此明志：我的本性是不会改变的。当然，在表达对君主、对国家的使命感像"葵心向阳"始终不渝的同时，也透露出杜甫对时局的关注，对民生的关注，对致君尧舜上的理想追求。

清

沈铨　忠孝联芳 ➤

被称为"宋朝第一相"的韩琦也用蜀葵表达忠君思想。韩琦活跃在宋仁宗、英宗、神宗三朝，是北宋中期政坛上的风云人物。《蜀葵》是韩琦在主政扬州期间创作的。诗曰：

炎天花尽歇，锦绣独成林。
不入当时眼，其如向日心。
宝钗知自弃，幽蝶或来寻。
谁许清风下，芳醪对一斟。

在韩琦笔下，蜀葵是不入俗流的，尽管炎炎烈日之下百花都歇息了，但蜀葵不改初衷，倾心向日，簇簇鲜花织成一片锦绣。因为不甘于一直任职于地方，为了实现更大的抱负，韩琦只得找寻各种机会向上传达自己的声音。于是，他便借蜀葵向日表达忠贞不贰、报效君主之意。同时，韩琦还用"宝钗知自弃，幽蝶或来寻"描写蜀葵花的光彩夺目。在韩琦看来，蜀葵花的价值不是在姹紫嫣红之中争奇斗艳，而是在百花歇息之时，以一枝独秀向大自然宣布它的存在。

史学家司马光也曾通过诗文表达自己的忠君之意。

四月清和雨乍晴，南山当户转分明。
更无柳絮因风起，惟有葵花向日倾。

这首《居洛初夏作》，是司马光在宋神宗熙宁四年（1071年）客居洛阳时所作。首句"四月清和雨乍晴"便直奔"初夏"主题，写雨后初晴的农历四月景色。那随风飘舞的柳絮此时早已不知踪影，而蜀葵花则正是当令之物，因为向日的蜀葵花随着太阳而转动。第三四句虽为实景，但司马光之诗多有兴寄之意，此二句即另有深意。当时，诗人与实行新法的王安石政见不合，故退居洛阳，他借蜀葵花以自喻，委婉表达了自己心中所悟所感，表示绝不在政治上投机取巧，做随风转舵的小人，始终对皇帝忠心不贰，同时还希望朝中政局清明，使忠君之士可以无所顾忌，全力报国。魏庆之《诗人玉屑》评价说："温公居洛，当初夏，赋诗曰：'更无柳絮因风起，惟有葵花向日倾。'爱君忠义之士，概见于诗。"

明

周之冕　榴实双鸡　▼

羞學紅粧媚晚霞羨將忠赤報
天家縱教雨晃天陰夜不是南枝
不放花
至正五年冬日吳興後學唐棣

元

唐棣　羞学红妆媚晚霞图　▲

谢翱是南宋末年著名爱国诗人，他曾追随文天祥，倾尽家财以作军费，宋朝灭亡之后，漫游江海以终。他有一首《种葵蒲萄下》诗，诗曰：

戎葵花种蒲萄下，年年叶长见花谢。
蒲萄渐密花渐迟，开时及见蒲萄垂。
微风摇曳架上枝，阴云疑碧引琉璃。
天人下饮蒲萄露，花神夜泣向天诉。
谢尔蒲萄数尺阴，不知寸草同此心。

诗中的"蒲萄"即"葡萄"。葡萄架下的蜀葵，每年都是葡萄叶快枯萎时花才开放，遮阴愈密，花期愈迟。蜀葵花神向上天哭诉：谢谢葡萄你这一片小小的阴凉，但不要认为小草跟你是同一个想法。谢翱在这里向人们普及了蜀葵栽植的基本科学知识，蜀葵是阳性植物，将蜀葵种于葡萄之下，显然违背了其生长发育的特性，这也导致了蜀葵花期延迟，生长不良。当然，身处时代变化之际的谢翱，在诗中所要传达的绝不仅仅是蜀葵栽培知识。他经历了南宋王朝倾覆、文天祥就义之事，这些痛楚时时啮噬着他的心灵，发

而为诗，悲愤之情溢于言表。《种葵蒲萄下》中的蜀葵一直生活在葡萄的阴影之下，这其实是谢翱以蜀葵自喻，表达对赵宋王朝至死不渝的忠心，同时还借花神来控诉元朝统治者的残暴统治，传递出谢翱不为所屈、誓死抗争的决心以及对时局的担忧。

明代的"茶陵诗派"领袖李东阳在《蜀葵》中更是明确了蜀葵忠君的意象：

羞学红妆媚晚霞，只将忠赤报天家。
纵教雨黑天阴夜，不是南枝不放花。

这首托物言志诗，内文中并没有"蜀葵"二字，却字字句句写蜀葵。蜀葵单朵花的花期很短，一朵花往往只能保持鲜艳一天，早上开花，到傍晚就萎蔫了。那蜀葵单朵花为何朝开暮落？在李东阳看来，是因为它"羞学红妆媚晚霞"，只将美丽献给白天。无论是晚霞如锦、百花争相献媚，还是雨黑天阴、天气恶劣，蜀葵都一心向阳，表现出绝无二心、虔诚追求光明的气节。李东阳在诗中用蜀葵自喻，表达了自己不管面临怎样的处境，都始终坚定信念，对朝廷一腔忠赤。

闻说薰风会计轩，蜀葵开遍锦云繁。

浓阴更可消炎暑，僻地谁能绝市喧。

载酒几人来北郭，联镳一日下西垣。

知君无限倾阳意，不羡闲花种满园。

这首《似大器亚卿约赏葵于北城》跟前作一样，是一首借蜀葵表忠心的诗作。明弘治年间，曾任詹事府詹事兼翰林院侍讲学士的程敏政借蜀葵向阳特性，在诗中向当时的孝宗皇帝表达自己的忠心，同时也抒发了自己内心复杂、苦闷之情。原来，程敏政在仕途上曾经历过几番沉浮。明孝宗弘治元年（1488 年），程敏政受监察御史王嵩等人的弹劾，孝宗诏令致仕，而后闲居在老家休宁（今安徽休宁）。弘治四年（1491 年），锦衣卫李士敬奉诏扫墓邓州，转道新安后来访，告知皇子诞生，有赦将到，这给急欲复仕的程敏政带来难得的快乐。"知君无限倾阳意，不羡闲花种满园。"世人都知道蜀葵花始终朝向太阳，坚定不移，终生不变，所以也就不再羡慕满园的其他鲜花了。总之，程敏政致仕后远离京城，只能从来访的京官那里探得一点消息，即使只是复仕的"传闻"，

也让他欣喜若狂。不知道是不是蜀葵之喻起了作用，在弘治五年（1492 年）十二月，程敏政得到复官诏书，于弘治六年（1493 年）四月份到京，很快便得到了孝宗的重用。

此外，明代的高启、林光、文徵明分别有"谁怜白衣者，亦有向阳心""向阳已识葵真性，长养还须花信风""谁令艳质不逢春，却有丹心解倾日"之词，这些诗句均形象地勾画出了蜀葵向阳的特点，诗人们都借蜀葵向君主表达自己的忠诚。

明
金湜　**行乐图**　▶

清
郎世宁　**蜀葵图**　◀

✿ 白日如分照
还归守故园

蜀葵花色艳丽，向阳而开，诗人多咏此二者。其叶也被文人咏过，唐代诗人李白被发配流放夜郎期间作的《流夜郎题葵叶》即是如此表达。

> 惭君能卫足，叹我远移根。
> 白日如分照，还归守故园。

这是一首咏物寓慨的五绝，全诗纯用寻常语，词意平易浅近。前两句拿"君"（蜀葵）和"我"作对比，感叹蜀葵宽大的叶子尚能护卫着它的根茎，而"我"却无力雪冤自保，只得被流放夜郎。后两句则是诗人提出的希望，期待着白日能够分一点阳光来照耀自己，使"我"得返故地守护故园。

李白在诗中引用了"葵能卫足"的典故。此典故源自《左传》"……秋七月，壬寅，刖鲍牵而逐高无咎。仲尼曰：'鲍庄子之知（智）不如葵，葵犹能卫其足。'""刖"是古代一种砍脚的酷刑，孔子说鲍牵被砍掉双足，其智慧连葵菜都不如。需要注意的是，这里的"葵"本指葵菜，唐以后又常泛指一些名字中带"葵"字的观赏植物，因蜀葵叶大而密，也具有使其根免受日晒的特性，故又名"卫足葵"。李白咏蜀葵叶，正是有感于它能"卫足"这一点。李白用葵叶之"卫足"反衬自己之"移根"，愧叹自己的无为

能力，同时又借"白日"的"分照"，比喻"皇恩浩荡"，盼望朝廷宽宥，放自己回故园和亲人团聚。流放途中的一事一物、一草一木，都会勾起李白的无限感伤。李白借咏葵叶很含蓄地抒发了远贬他乡、与亲人离别的哀怨之情，同时也寄托了自己的思乡之情。

同样，戴叔伦的《叹葵花》主要表达的也是对故乡的思念。

> 今日见花落，明日见花开。
> 花开能向日，花落委苍苔。
> 自不同凡卉，看时几日回。

今天看见蜀葵花落，明日又可看到蜀葵花开。这正是蜀葵花开繁盛的具体描述。后两句也是围绕蜀葵花的特性来书写。"花开能向日，花落委苍苔"是说，蜀葵开花的时候能向着太阳，花落了便向着青苔。蜀葵茎秆之独立，花之灿烂，不改初衷的向阳个性，都为人们所称赏，"自不同凡卉，看时几日回。"戴叔伦一生颠沛流离，几经迁转，备尝奔波行役之苦。身处乱离之世，职位频繁调动带来的羁愁旅恨自然而然会投射到诗歌创作中来，其思乡恋归之吟表现得更为具体和深切，眼前的蜀葵在这时也就成了戴叔伦倾诉的对象。

清

郎世宁　富贵大吉图　▲

明

沈周　奇石蜀葵图　▲

蜀葵开在端午前后。这一节日常与故乡、家国联系在一起，因此蜀葵也常常出现在端午诗词中，寄托着诗人们思乡怀远的情感。元代诗人吴师道就在他的《端午》一诗中写道：

今年重午住京华，一寸心情万里家。
楚些只添当日恨，戎葵不似故园花。
案头新墨题纨扇，墙外高门响钿车。
朋侣萧疏欢事少，谁令衰鬓受风沙。

元朝端午公职人员放假一日，宫廷赐画扇、凉糕、瓜果之礼，民间售卖节令物品，庙会游园场面壮观。吴师道是婺州（今浙江金华）人，身在京华大都，虽然案头备着题写好的纨扇以待来客，可大多数的亲朋毕竟在万里之外的家乡，故诗人思乡怀远，"一寸心情万里家"，耳边的乐曲也添烦恼，眼前的花儿也因不似故园之花而让人感到孤单。

明代戴鱀在《行台雨后红葵尽开但蛙蝉颇聒耳》也表达了同感：

园葵吐高红，庭蝉噪深绿。
客意忽惊时，故乡新稻熟。

戴鱀是江浙人士，明代正德丁丑年进士，官四川巡抚。某一寻常之日，他看到庭院中高高的蜀葵植株上红花尽开，青蛙夏蝉聒噪不止，突然起了思乡之情，惊觉故乡此刻正是新稻成熟之时。戴鱀是今天浙江鄞州人，在江浙蜀葵开在梅雨时节，故又名梅雨葵。由眼前的园葵而念及故乡此时，想必眼前这园中蜀葵正可寄托戴鱀思乡之一二吧。

清

周铨　花鸟昆虫　▲

沈谳先生大雅正 丁酉四月襄江居士

清代吕兆麒所作的《蜀葵》，也是思乡之作。诗云：

昔向燕台见，今来蜀道逢。
熏风一相引，艳色几回浓。
翠干抽筠直，朱华剪彩重。
倾阳曾有愿，莫认木芙蓉。

该诗为吕兆麒入蜀就职途中见蜀葵而咏的五律。吕兆麒曾在燕台（今河北易县东南）见过蜀葵，所以说"昔向燕台见"，而今入蜀又于蜀道上碰到。只要和煦之风一吹，蜀葵花便次第开放，其鲜艳之色也越来越浓。蜀葵茎秆就像竹子一样笔直，花朵颜色浓如红彩绸。最后一句"倾阳曾有愿，莫认木芙蓉"，是说不要把蜀葵错认作蜀地名花木芙蓉了，并说出了蜀葵花与木芙蓉的不同点，即"倾阳"——向着太阳。跟前人一样，吕兆麟用蜀葵表达着对故地的思念。

近 现 代

江寒汀　春柳绶带 ◂

一个特别的时刻就这样不事声张地来到了，这个时刻对于桤明是如此重要，以至于让他再也没有忘记——淳于新搬出的这些画都画了蜀葵，大小五六幅——明亮逼人的光马上射过来……夏天的光，夏天的热量，中国乡间的浪漫和美丽。久居阴湿丛林的桤明在一片斑斓前差一点哭出来。一种属于他们两人之间的独语，正从数不清的花瓣和叶片间汩汩流出。蜀葵，懂得羞愧的花，这一刻热情逼人……桤明没有赞美，因为找不到语言……淳于拥住了桤明。

在当代作家茅盾文学奖获得者张炜的小说《能不忆蜀葵》中，从某种角度说，蜀葵始终是小说或明或暗的主线。在张炜看来，蜀葵代表着对故乡的怀念。在小说中，淳于下海经商失败后，在离开之时带走了一幅他少年时所画的画，上面画满了蜀葵，这是淳于对以前那种自然生活的怀念。

火车铿铿锵锵，像是一路呼喊："带走蜀葵！带走蜀葵！带走蜀葵！"特快列车停也不停，由西往东，由东往西，不舍昼夜……

淳于要去的也许就是开满蜀葵的故乡，也许是能涤清他心灵尘埃的精神家园。张炜是一个田园诗人，对于故乡有一种执念。小说中无论是亲情、爱情还是友情，都与一个重要的意象"蜀葵"紧密相连。小说中反复出现的蜀葵，就像挥之不去的精灵一般，时时萦绕在淳于周围，引发他对故乡的思念。蜀葵在这里已经成为故乡的象征，对蜀葵的情有独钟正是主人公历久弥深的故乡情结的体现。

借蜀葵来表达对故乡怀念的，还有作家蒋殊。蒋殊所著的一本回忆性散文集题目就叫《阳光下的蜀葵》。蒋殊说：

这里面，有我的亲人，有我遇到的事，有我生活过的土地；有曾经与我碰过面的一只羊，在路上与我相遇的一头牛，站在我身边等着一口米粒的一只鸡，我害怕过的一条小狗。甚至，我走过的一道山，翻过的一道梁，玩耍过的一片杨树林，蹚过的一条河，多年以后都成为我笔下的风景。还有我钟情的蜀葵，正如我在小说同名文章开头写的一样：多年以后，我才知道它的名字叫蜀葵。不管是人还是动植物，他们都曾是我生活中最美丽的组成部分。

在蒋殊看来，蜀葵的美，蜀葵的坚强，蜀葵的不离不弃，蜀葵的积极向上，都是她欣赏的。

蜀葵花的每一个部位从来不会弯曲，低头，从来不管太阳身处何方，总是直射苍穹。它的花开，也毫不吝啬，一根茎秆上，密密麻麻挤满十几朵，每一朵花瓣都层层叠叠多达五六层，有的舒展自然向外张开，有的像鸡冠花一样浓密卷曲。蜀葵花的颜色也有多种，红的似血，粉的像霞，白的如雪。想想，那样一个黄土地上的小山村，那样一个布满原始窑洞的院落，有一群蜀葵花多姿多彩地摇曳在每一个夏日的轻风里，是多么富有诗意又是多么美妙的一幅乡村田园图啊。

蒋殊与蜀葵有特殊的缘分，《阳光下的蜀葵》获"赵树理文学奖"散文奖后，她在接受《山西晚报》记者访谈时谈道：

小时候，似乎从一懂事时起，蜀葵便开满家乡小院的房前屋后。它就与那些枣树梨树还有身边的爷爷奶奶叔叔婶婶一样，是我身边应该存在的。应该存在的，总是不被珍视。然而多年以后突然在城市的一角看到蜀葵，才发现它已经不在身边很久了，才发现它是那么美丽那么亲切，像见到久违的亲人一般心潮澎湃。于是我迫不得已回到家乡的老屋，竟然不见一株蜀葵。于是，我只能提起笔，怀着感恩、怀念、愧疚的心情，写下蜀葵。

故乡，在每个人心里都是可怀念的。每个人都有对故乡独有的表达方式，写字的人自然会选择用文字来书写，蒋殊即是如此。她在《阳光下的蜀葵》一文中写道：

从来没有一种花让我如此怀念。我无数次想，却怎么也想不通为什么会再也寻不到蜀葵。蜀葵是一种花，它曾经茂盛生长的那片土地还在。可是，为什么再也不见蜀葵？

……谁都不可能再回到那个小院。因此，也就再不可能在我的小院看到蜀葵。阳光下一丛一丛的那些蜀葵，永远从这片土地上消失了。

那车轮一般的花籽，是沉睡了，还是随着曾经的那些男孩子们疯狂开到了远方？

我只承诺，若是将来有幸得一座小院，我养的第一种花，必定是蜀葵。而且我发誓，即便它依然发展到自然生自然长，我也必定会用对待花的态度，对待蜀葵。

书写蜀葵，从"故乡"这一切口进入的还有四川作家蒋蓝。儿时的蒋蓝就与其结缘。他回忆说：

我家在川南滏溪河畔，河边水葫芦以及其他杂草丛生……不但见识过厉害的荨麻，也见识过"一丈红"。

清

王武　花鸟轴　‹

如今，已在成都定居的蒋蓝早已将成都与自贡两地都当作了自己的故乡。蒋蓝也借蜀葵感慨道：

我不禁有些想念川南老家河边散乱开放的蜀葵了，估计它们在巨大的经济风潮下处境不佳，倩女离魂，但不绝迹，就是万幸。

这就是蒋蓝对故乡的那份想念与执念。

蜀葵有超强的适应能力，像极了坚韧、乐观、包容、勇往直前的四川人。成都鲜花山谷创始人周小林在十多年前行走世界各地时注意到，这个原产于自己家乡的花卉，几乎遍布了每一个有人类生活的角落。作为地地道道的成都人，周小林骨子里浸透着对蜀地文化的热爱，而对于"四川人的故乡花"——蜀葵，周小林认为这将是他的一生挚爱。他说：

数年来，蜀葵已成为我每天生活的一部分，我想用更多的时间去了解认识这朵处处可见、普普通通的花。无数个夜晚，在浩如烟海的故纸堆里，我找寻蜀葵的身影……我知道在未来，我深爱的这朵蜀葵花会与我的生命旅程相伴，未来也会有越来越多的人喜欢蜀葵、爱上蜀葵……

在当代作家眼中，蜀葵还有另外一种特殊的表达。禹风的长篇小说《蜀葵1987》，借由一位男士与不同家庭背景的上海女性所发生的感情纠葛，巧妙地编织了一幅富有时代气息的上海画卷，作者的笔墨遍及20世纪80年代上海知识分子、技术工人阶层、商界人士、海外背景家庭及公务员等群体，呈现了一个时代的风俗和气息。

这个夏天给秦陵岩留下最深印象的不是校园里的事了，而是圆舞滨沿滨隙地到处开遍了蜀葵。这是鸟衔籽种下的野地蜀葵，本来花色粉红或紫红的蜀葵发生了普遍变异，成了花瓣带隐隐血色的大黑蜀葵。

小说中，有一处偏于上海郊区的地界，名为"圆舞滨"，那里有耸立的工人新村，有一群刚刚从高中步入大学的年轻人，正肆意挥洒着无限青春……禹风坦言，《蜀葵1987》是写的上海的20世纪80年代，这是一个很特殊的时期，一个"磁吸"的时代，"我想把这个特殊的年代放在上海历史的长河中，通过当时社会的变迁，用故事的方式来表达，希望读者从小说传达的那种意境，从历史的长河，以及国际性的眼光来体会那个特别的时间点，这是我当时创作的一个整体思路"。所以，从这个意义上来说，对蜀葵的描写或许是作者对时代、对城市的一种纪念。

❀ 何当君子愿
　　知不竞喧妍

蜀葵挺拔笔直，因此还被文人们视为君子的象征。蜀葵生命力极强，田间地头随意种植即可生长，一点也不娇气，而且浑身都可资利用，因此，从皇宫到民间，随处都可以见到它的身影。这样的好处显而易见，但弊端也随之显露，这便是不受人重视。任何时候，"物以稀为贵"都是个颠扑不破的真理。因为太多太滥，蜀葵一直被列为下等花草，几乎不能上盆，它只能在一些花园街角地边、荒郊野外或者农人的小院里寂寞开放。面对这种不公正，有人站了出来，为蜀葵打抱不平。唐代诗人陈标就是其中之一。他在《蜀葵》中就说：

眼前无奈蜀葵何，浅紫深红数百窠。
能共牡丹争几许，得人嫌处只缘多。

眼前的蜀葵，有的浅紫，有的深红，足有几百棵。本来它是可以和牡丹相媲美的，但令人讨嫌之处就在于开得太多。陈标主要生活在唐文宗当政期间。而这段时间，正值著名的"牛李党争"。在那个时代，牛李党争影响了每一个文人志士，当然也包括陈标。或许正因为这个原因，陈标才用"低贱"的蜀葵向外界传递自己的君子形象。

武元衡是与白居易齐名的中唐著名诗人。他出身官宦世家，是武则天的曾侄孙，官至宰相。武元衡为官清正廉明，坚定不移地主张武力镇压藩镇割据，以大度儒雅的铁血宰相形象名垂青史。虽然长期身居高位，但武元衡一直秉持着平和的心态，一首《宜阳所居白蜀葵答咏東诸公》，除了用比喻的修辞手法描写蜀葵花的风姿，更重要的是表达了他与世无争的精神境界。诗曰：

冉冉众芳歇，亭亭虚室前。
敷荣时已背，幽赏地宜偏。
红艳世方重，素华徒可怜。
何当君子愿，知不竞喧妍。

在百花凋敝后，蜀葵才开放，在门前亭亭玉立。不过，蜀葵大多栽植在偏僻幽静的地方，所开之花少人欣赏。"素华"虽然清新淡雅，但人们却看不上眼，因为他们只看重那些红粉鲜艳的花朵。所以，这白色的蜀葵花就显得楚楚可怜。只是，白色的蜀葵花从来就不与其他的花朵争奇斗艳，内心安然而闲适，而这正是君子的心志。

同样，北宋诗人韦骧也通过五言排律《雨后城上种蜀葵效辘轳体联句》表达自己内心对君子之德的向往。诗曰：

不惮移根远，姑怜向日姿。
春风从自得，夜雨况相资。
敏速飞霜镘，婆娑拥碧枝。
幽葩兹有待，杂卉漫多奇。
野藿非余尚，庭兰盍尔知。
倾心安所守，卫足岂其私。
得地何妨徙，干霄固可疑。
采幢须夏节，绿饼与秋期。
莫以丛生陋，唯其秀出宜。

迁非拔茅进，爱岂摭苗为。
色解凌溪锦，花应当酒卮。
绕栏窠尚小，傍砌影犹卑。
援护情宜倍，栽培力已施。
桃蹊容烂熳，竹径笋参差。
不待毛嫱妒，何嫌鲁相辞。
土筛忧压嫩，竹插为扶敧。
疏密齐行列，芳华递疾迟。
纤茎簪闲导，繁蕊珥交垂。
恐践禽须逐，防侵草必夷。
养完先固本，采折俟乘时。
屡戒园夫守，频烦墨客窥。
拾来同地芥，吟就比江蓠。
泛与萧蒿长，偏饶雨露滋。
何如君子德，修直任荣衰。

辘轳体是一种衔头结尾格的诗，因为诗歌的韵律像水井辘轳架一样旋转而下，故得此名。这是宋代诗人们创造的一种特殊诗体。

这首诗是韦骧被贬安徽滁州任职通判时所作，时间大致在 1077—1080 年。滁州远离政治中心，风景优美，民风淳朴，这一切都让韦骧精神放松，心情惬意。也正因为如此，韦骧在滁州的短短三年时间里写下了一百三十多首歌咏滁州的诗篇。在滁州，韦骧与好友陈绎开展了内容丰富的诗学活动。《雨后城上种蜀葵效辘轳体联句》就是与陈绎进行诗学交流留下的作品。整首诗完整地再现了当时人们种植蜀葵的全过程，可谓一部小型的蜀葵栽种全书。在诗的末尾，韦骧用"何如君子德"赞美了陈绎的君子品德，同时还表示要向陈绎学习。

> 草长塞三径，芟拔为锄荒。
>
> 独留蜀葵花，红白遥相望。
>
> 绿萝深窈窕，高松倚青苍。
>
> 虽无向日心，而得枝叶昌。
>
> 庭前堆乱石，横卧如群羊。
>
> 还疑身入群，对石两相忘。

这首《家园消夏·其三》的作者是清代蒋廷锡。这首诗描写了作者在家过夏天的情景。由于不常出门走动，诗人家门前的道路都被野草埋没了。于是，诗人手拿锄头把草除，只留下了蜀葵花。花朵红的白的，遥相辉映。近处绿萝，远处青松，营造了一个静谧清幽的环境。庭前乱石密布，身处其间，竟能达到忘我的境界。诗所营造的意境，其实跟蒋廷锡的绘画旨趣相近，即"无我之境"，近于宋代的以物观物、万物自得，把自我融化于万事万物之中而与物推移。也正是因此，在蜀葵这么鲜艳的主题之下，竟有一种萧散简远、高风绝尘的气象。

❀ 今日花正好
昨日花已老

因为蜀葵单花朵花期短，甚至只开一日，也让心思敏感的文人骚客见之自然萌发出年华易逝之感，于是出现了借蜀葵表达珍惜时光的诸多诗文。

> 昨日一花开，今日一花开。
> 今日花正好，昨日花已老。
> 始知人老不如花，
> 可惜落花君莫扫。
> 人生不得长少年，
> 莫惜床头沽酒钱。
> 请君有钱向酒家，
> 君不见，蜀葵花。

这是唐代诗人岑参的七言歌行代表作《蜀葵花歌》。在岑参生活的后唐时期，尤其是"安史之乱"爆发后，种种社会矛盾显露。岑参有为国靖难的壮志和建功立业的抱负，但仕途坎坷。怀才不遇、一直未获大用的岑参，对自己功业无成怀着哀伤："平生未得意，览镜心自惜。四海犹未安，一身无所适……功业悲后时，光阴叹虚掷。"眼见青春不再，抱负难以施展，诗人不由得自找情绪出口。今日花，娇艳欲滴；昨日花，颓老凋零。看过花开花败才知道，人的老去还不如这花开

花败，有时候竟比花败得还快。光阴似箭，人面渐老，劝那扫花的人，还是不要扫那落花吧！人生不能永远都是少年，想要痛饮一番的时候，就不要吝惜床头买酒的钱。你没看见那瞬间即败的蜀葵花吗？今朝有酒今朝醉，还是快用钱去换酒喝吧，否则，等你老去的时候，想要喝酒也不能了。蜀葵花在岑参笔下，成为时光飞逝的明证，更寄托了诗人难言的失意和苦闷。

> 蜀葵落秋子，已能成小丛。
> 如何同枝花，隐隐才含红。
> 一气有先后，万物谁穷通。
> 伊谁叹迟暮，来此樽酒同。

这首《蜀葵》是元初三大理学家之一的刘因所作。蜀葵从初夏起，一边开花一边往上长，下面结了种子，上面却还在开花，热热闹闹一直到初秋。种子落地后当年就会生根发芽，形成单株，而只要老根还在，第二年又是泼辣辣的一簇红花。看着这蜀葵生死循环，已是迟暮之年的诗人不由得感叹岁月的无情。在历史的洪流中，万物就像浮萍，不知所终，而人的一生也只是沧海一粟，有太多的无能为力。

近现代

陈半丁　花石图　◂

元

陈琳 锦鸡图 ‹

〔清〕
郎世宁　午瑞图　▶

第
二
节

❖

画家笔下的蜀葵

　　花鸟画是中国绘画的典型类别，花色艳丽的蜀葵正是花鸟画的主题之一。这些画作以清新典雅的画面、空灵清旷的意境，将蜀葵花超凡脱俗的精神充分地体现了出来，同时也寄托了画家自己的思想。于是，蜀葵已不单是大自然的产物，更是人类智慧和创造力的呈现。

　　《冬日婴戏图》为北宋苏汉臣创作的绢本设色画，描绘了两个儿童在蜀葵花和山茶花下打闹嬉戏的场景。该画以表现童真为目的，所以画面丰富形态生动有趣。也正因为如此，画家才配以蜀葵这一淡泊孤高、萧然尘外的植物。

　　北宋赵昌与宋徽宗赵佶齐名，是宋代花鸟画坛的杰出画家。他所作的《花篮图》中，竹篮内蜀葵数枝含苞待放，另一侧数朵雏菊业已盛开；花篮编织考究，高高的底座、复杂的篮筐和篮把上的花形，透出浓浓的皇家气息。

　　南宋画家李嵩存世的有《花篮图·春》《花篮图·夏》《花篮图·冬》三幅花篮图，每幅画上皆款书"李嵩画"并钤"项子京家珍藏"鉴藏印，表现手法一致，唯花篮编法和篮中花卉有别。其中，《花篮图·夏》（见 P098）藏于北京故宫博物院，绘藤编花篮一只，里面盛满了夏季折枝鲜花，有蜀葵花、栀子花、红黄两种萱草、百合花、石榴花等。其主花为粉红的单瓣蜀葵，硕大的花朵挺立在花篮的中央。在画家的笔下，这些花卉被描绘得水嫩鲜艳，折射出大自然的繁花似锦、生机盎然，美丽而富有朝气，让人感到十分亲切。李嵩在画作中表达出积极向上的精神，与他宫廷画师的身份以及当时社会呈现出的短暂繁荣分不开。

　　画家们用蜀葵来表达自己的忠君思想。宋末元初钱选《忠孝图卷》（见 P099）里的蜀葵

南 宋

苏汉臣　婴戏图　▶

南 宋

李嵩　花篮图·夏　▼

花就体现了这一功用。钱选与赵孟頫等合称为"吴兴八俊"，工诗，善书画，其人品及画品皆称誉当时。他提倡绘画要有"士气"，在画上题写隶书诗文或跋语，从而形成了诗、书、画紧密结合的文人画。《忠孝图卷》上

有诗云：

葵萼倾心向太阳，萱花树背在高堂。
忠臣孝子如佳卉，凭仗丹青为发扬。

〔元〕

钱选　忠孝图卷（局部）　▼

用蜀葵展现生命力的还有元代的《草虫图对轴·葡萄》（见右图）。此幅图画面顶端葡萄藤蔓舒展，挂了两串沉甸甸的紫色葡萄。画中部繁花似锦，蜀葵、萱草等花开灿烂，招蜂引蝶。底部车前草叶片宽大，一株紫茄生机勃勃，引来两只蚱蜢斗趣。整个画面是一派欣欣向荣的夏日景色。

明代宫廷画家吕纪的《四季花鸟图·夏》（见P102）画了夏日池塘一隅之景。岸边巨石直立，棱角尖锐，石旁栀子和蜀葵叶绿繁茂，粉白相间的蜀葵花、白的栀子花开得娇艳，几只鸟儿立于枝头高声歌唱；池塘中一对鸭子游乐嬉戏，身边激起一圈圈水波，洋溢着一派生机勃勃的气息。

跟诗人一样，很多画家也用蜀葵来传达自己的心境。明代画家陆治的《蜀葵花石图》（见P103）就传达出一种孤独的情怀。画作中，一株盛开的蜀葵独立于假山旁，虽然蜀葵花颜色艳丽，但却让人有一种压抑之感。陆治是吴门画派大家文征明的重要门生，诗、文、书、画都有相当的造诣。"其于丹青之学，务出其胸中奇气，以与古人角。一时好称，几与文先生埒。"在花鸟画方面，陆治

是与文征明的另一个得意弟子陈淳并称的明代大家。陆治的山水画深受宋、元人和文征明影响，又有独创之风格。然而，这样一位名家在晚年却是贫困交加。"有贵官子因所知某以画请，作数幅答之，其人厚其赞币以谢。叔平（陆治字）曰：'吾为所知，非为贫也。'立却之。"

而明代浙派山水画家戴进在自己的工笔设色花卉作品《葵石蛱蝶图》（见P104）中也呈现了其内心独白。画作款署"静庵为奎斋写"，钤"钱塘戴氏文进"印。画幅上方有刘泰等四家题跋，鉴藏印钤"朱之赤"等。《葵石蛱蝶图》中画有一石一葵二蝶，湖石棱角尖锐，形状奇特。一株亭亭玉立的蜀葵占据了整个画面的中心，两只蝴蝶围绕蜀葵翩翩飞舞。画家赋予蜀葵傲娇挺拔的性格，让人读出了画家的孤独、寂寞之情。原来，戴进虽然一度被皇帝召入宫廷，但时间极为短暂，后被逐出宫廷后，流寓京城，生活很是窘迫，可以说是一生不得志，最终"以画求济，无应者"，贫困而死。戴进借蜀葵表达了他的在世孤寂，不禁令人唏嘘。

佚名　草虫图对轴·葡萄　▲

（明）

吕纪　四季花鸟图·夏　＞

〔明〕

陆治　蜀葵花石图　➤

錦葵屑折媒騎陽緣
蝶寶飛起粉香卻憶
美人嬌映繡窗眼暖
日初長 逸卷

錦繡綢新五色香蜀
葵花小樓芳勞未末
不作莊生夢卻發蟻王
萬事圖 柿隱

屑·錦繡句陽間
不用三節羽越作
日午風前蓮烯
媚妍蝴蝶道
塘本
乱象

長蓉風來破錦範守
吾撰蝶娩交知自斷詩
湖公陵赤不發巴一向日
花
劉泰

明
戴進　葵石峽蝶圖 ‹

清
王武　葵石花鳥圖 ˅

　　清代画家李鱓的《题石榴蜀葵图》中，蜀葵若隐若现地出现在石榴树下，这似乎表现了画家的归隐之心。李鱓于康熙五十年（1711年）中举，康熙五十三年（1714年）召为内廷供奉，其宫廷工笔画造诣颇深，因不愿受"正统派"画风束缚而遭忌离职。乾隆三年（1738）出任山东滕县知县，颇得民心，因得罪上司而罢官。后居扬州，卖画为生。李鱓的仕途不顺，导致他对人生有了新的体会和思考，进而引发归隐山林的想法。值得一提的是，李鱓也好交友，这幅画实为赠送之物。他在画作左下角题下一诗，曰：

　　葵忱倾向太阳中，甲第榴花似火红。
　　莫负画师图小草，宜男多寿美媛从。

　　李鱓以蜀葵向阳比喻自己对友人的仰慕和美好祝愿。

　　清代知名国画画家钱维城的《五瑞图》选取了五种花卉，取其吉祥之意。此幅作品用笔极其秀丽，技法上以没骨、设色为主，但整幅画面并没有艳俗之感，而是显得高雅朴素，没有强烈的视觉刺激，贵族气息颇为浓厚。

清

钱维城　五瑞图　◀

清代余樨的《端阳景图》描绘的是端午时节的景象。画中蜀葵花朵竞相绽放，菖蒲郁郁葱葱，青蛙、蟾蜍和蜻蜓欢腾跳跃，好一派生机盎然的夏日景色！

端午是中国最重要的传统节日之一，蜀葵在此时开放，故蜀葵入端午画极为普遍，明清两代为最甚，如明代陈栝的《端阳景》、刘广的《端阳景图》、陆治的《端阳佳景》、文嘉的《端午景图》、张翀的《五瑞图》、项圣谟的《五瑞图》，清代梁燕的《五瑞图》、徐扬的《端阳故事图册》、郎世宁的《午瑞图轴》、王宸的《午瑞图》、徐峄的《五瑞图》、冯霜的《五瑞图》、任伯年的《五瑞图》等，都属此类。

清
———
余樨 端阳景图 ➤

明

刘广　端阳景图　◄

崇禎己卯端陽　項聖謨

明

項聖謨　五瑞图　▶

清
———
梁燕　五瑞图　◂

調脂寫折枝五瑞集如友羹風過庭
來空對菖蒲酒
桐華居士芙題

徐峄　五瑞图　▲

明

张翀　五瑞图　▲

蜀葵花色艳丽，因此还被许多画家用在仕女图中。明代画家唐寅的《班姬团扇图》就是这样一幅仕女图。唐寅所画的班姬是东汉史学家班固的妹妹，亦称班婕妤，她协助兄长班固写成《汉书》。她曾想辅佐汉成帝做一代明君，却眼看着夫君宠幸赵飞燕姐妹，日渐昏聩。画中班姬手执团扇，悄然而立于棕榈树下，明眸粉颊、姿容秀丽，神情却怅然若有所思。庭前点缀着一株绽放的蜀葵，身后即是芭蕉，正值夏末秋凉时节，团扇作为消夏之物已无用处。

明
———
唐寅　班姬团扇图　◂

清代沈铨的《花鸟图轴》中，琵琶树下，蜀葵正艳，一对锦鸡嬉戏其间，树梢果实累累，绿叶掩映，群鸟相鸣，给人喜庆祥和的视觉感受。此作绘于乾隆二十七年（1762年），设色明丽脱俗，极富装饰性。

描绘清朝亲王级别贵族家居生活场景的人物图册《燕寝怡情》是清宫内府收藏的珍品，在同类题材中堪称难得的精品。图册页绘制极其精美，人物开相饱满、圆润，神情生动，含蓄优雅，将男女情意刻画入微，假山、花卉、盆景、衣纹都精细至极，类似题材无出其右者。其中的一幅图便加入了蜀葵。此画主图为男女两人坐在楼阁中，女子正在为男子理须。院子中栽种的蜀葵正值繁花盛开，有白色、紫色、大红色，衬托出安静祥和的生活氛围。

清
———
沈铨　花鸟图轴　▶

清
———
佚名　燕寝怡情　▼

许多著名的国画家都喜欢描绘蜀葵，有的画得繁花累累，艳丽动人，有的则取材简洁，以少胜多。

吴昌硕的《匋尊蜀葵》以蜀葵为主，画上题识：

花草乱插陈古瓷，凡稿拔去天为师。板桥肯作青藤狗，我不能狗人其宜。三足老蟾画不出，矫矫一官又如虱。老葵今日如过吾，无酒还当醉以墨。

吴昌硕以较淡的笔墨画蜀葵插于瓶中，配上一盆蒲草，颇具清新之美。

陈师曾师从吴昌硕，他的《花香日暖》图用白色、红色两种蜀葵花作对比，并以铁树叶子破两株之平行。整幅画面给人以含蓄秀逸、古朴端庄之美，文人气息浓郁。

潘天寿的《蜀葵图》只用淡墨画一茎，用浓淡墨画大小两片叶子，以浓淡曙红画出一朵硕大的花，用胭脂钩花纹，花心以淡藤黄点染，却具有一种视觉的冲击力，堪称大手笔，也是对蜀葵之美的赞许之作。

近现代

吴昌硕 匋尊蜀葵 ◄

近 现 代

陈师曾　花香日暖　▸

近 现 代

潘天寿　蜀葵图　▾

戊子
廿五
叟賓
虹寫

近现代

黄宾虹　蜀葵花 ◂

黄宾虹 85 岁时作了一幅《蜀葵花》，画中蜀葵叶的双钩笔线与山水画中的勾勒、披麻皴法极其相似，枝干上的苔点亦如山石上的苔点，突破了花鸟画讲究形态、注重穿插、刻画细腻的传统。画面左下角用一枝石榴调和，让画面张弛有度。此画将夏时盛开的蜀葵与石榴绘于纸上，整个画面颇具热烈、温暖之感。

被誉为"在野派"四大家之一的陈子庄

也有一幅《蜀葵》，设色含蓄，又不失明丽，意境悠远。

任文华为清朝最后一任清宫造办处如意馆"司匠长"画师屈兆麟入室女弟子，善工笔花卉，擅长双钩细染花鸟画，其画清新俊逸，雍容典雅。她的《蜀葵花》，一株盛开红色花朵的蜀葵矗立于画作中央，造型生动、自然，色彩清丽、典雅，画风清新、冷逸。

近现代

陈子庄　蜀葵　▼

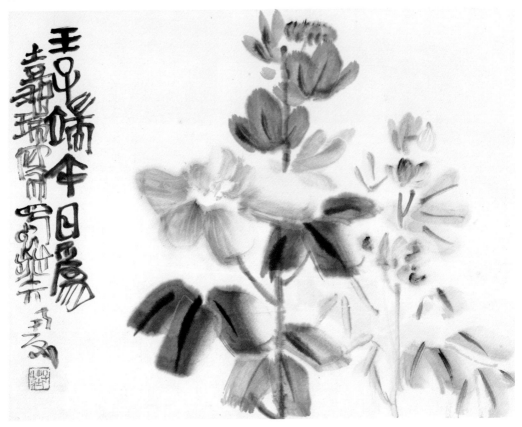

近现代

徐悲鸿 齐白石合作 **蜀葵蛙** ▲

近现代

徐悲鸿 齐白石合作 **蜀葵虾** ▲

　　蜀葵还是友情的见证。徐悲鸿、齐白石同为20世纪中国美术史上开宗立派的大家，两人自1928年相识后一见如故，更因共同的艺术旨趣和创新精神成为肝胆相照的莫逆之交。两人交往数十年，他们之间的情谊真挚深厚，成为20世纪中国美术史上的一段佳话。《蜀葵蛙》《蜀葵虾》是徐悲鸿与齐白石于1948年"双星合璧"之作，现藏于

徐悲鸿纪念馆，也是两位大师深厚友谊的见证。齐白石的绘画题材极其广泛，他画蜀葵，延续了惯常的红花墨叶画法，而徐悲鸿笔下的蜀葵也是极具特点，设色淡雅，技巧精湛，线条灵活多变，虚实明暗，这些都源于他对蜀葵的钟爱。1944年，徐悲鸿觅得红颜知己廖静文，登报称和蒋碧薇解除同居关系。蒋碧薇打官司争取自己的权益，她向徐悲鸿

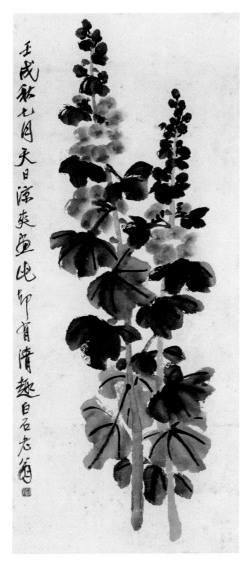

齐白石 蜀葵 ▲

徐悲鸿 蜀葵 ▲

索要一百幅画，徐先生一一照办，并为赶画废寝忘食。1947年秋，徐悲鸿携爱妻廖静文定居北京市东城区东受禄街16号，并将新居命名为"蜀葵花屋"。在这里，前院和中间的院子有拱门连接，院内沿墙种满了红色、紫色和白色的蜀葵花，以作为绘画的素材。徐悲鸿的画室就设在前院，他在作画之余，就能欣赏到蜀葵花开的美景。徐悲鸿为

还情债所绘百幅画作中就有一幅蜀葵图。画作以单株面貌呈现，用笔萧散，花的颜色红里透紫，增加了画面的分量感。其款识为："傥使人间只一本，千金买去不为多。甲申四月对花赋色，悲鸿。"2015年，此画作以人民币四百二十多万元拍出。

在这里需要关注的是敦煌壁画中的蜀葵。敦煌莫高窟是世界上现存规模最大、内容最丰富的佛教艺术圣地。其壁画丰富多彩、雄伟瑰丽，是中国古代美术的光辉篇章，为中国古代史研究提供了珍贵的形象史料。近一百年来，国内外众多专家、学者对敦煌艺术的研究已十分深入、广泛，成果丰硕。然而，就敦煌艺术研究现状来看，少有专著和文章针对敦煌艺术中花卉植物的艺术形态和特征展开研究，对花卉植物图像方面的单独研究就更是少之又少。数年来，蜀葵文化学者周小林对现存的敦煌石窟壁画和分藏于英、法、俄、日等国的众多公私收藏机构以及少部分保存于国内的敦煌经卷、文书、织绣和画像等藏经洞文物进行研究，查阅大量出版的敦煌艺术书籍、历史文献等相关资料，发现蜀葵频繁出现在敦煌壁画衬景及图案装饰中，其数量仅次于莲花。在敦煌现有保存完备壁画和彩塑的洞窟中，周小林粗略统计发现蜀葵出现在敦煌莫高窟、榆林窟和西千佛洞的95个洞窟壁画里。比如在开凿于初唐时期最具代表性的莫高窟323窟甬道南壁的壁画中，供养菩萨手持的蜀葵花保留了蜀葵的植物特征，在形式表现上采用了对称和适当的夸张和形变。敦煌位于我国西北部、河西走廊西端，地处甘、青、新三省（区）的交界地带。在古代，敦煌是丝绸之路上最大的交通枢纽，是丝绸之路上的明珠，是文化的宝库。周小林认为，从这个意义上来说，蜀葵大量出现于敦煌壁画，除了说明其极广泛的普及率和极佳的观赏性外，更重要的是为蜀葵沿丝绸之路走向世界提供了实证。

近现代
段文杰临摹　敦煌莫高窟第130窟
都督夫人礼佛图 ➤

敦煌莫高窟第 159 窟 ▲

第

三

节

❖

日常生活中的蜀葵

　　随着社会发展水平不断提升，蜀葵的种植技术也日益精进，种植面积逐年扩大，逐渐进入人们的日常生活。尤其进入唐宋以后，古人对生活艺术的追求达到了巅峰，在琴棋书画之外，各类典籍中出现了许多关于蜀葵应用的记载，蜀葵进入了插花、制扇、挂画、品香等生活各方面。

清

董诰　扇面　▲

清

陈栝 端阳景图 ➤

🌸 瓶插

　　蜀葵花期在五月到七月，在端午节前后始花，故也称为"端午花"或者"端午锦"。蜀葵除在端午节前后盛开在房前屋后，也被古人用来插入瓶中，放置在室内观赏。中国传统插花技艺是以花枝为材料的生活艺术，是我国国家级非物质文化遗产，在中国有三千余年的历史，源远流长，博大精深，是中国花文化的重要组成部分。据考证，中国传统插花萌芽于春秋战国时期，隋唐时代逐渐普及盛行，并传入日本，对日本花道影响深远。宋元时期传统插花这一生活艺术发展到极盛，民间也普及开来，文人插花蔚然成风。中国传统插花讲究诗情画意，注重意境美的创设，师法自然，天人合一，具有极高的史学价值、文化价值、美学价值、社会价值、实用价值、经济价值和科学研究价值。蜀葵因为花色鲜艳，高挑挺拔，作为端午的节令花，在宋元之后被广泛用于插花。

　　南宋《西湖老人繁胜录》载都城端午风俗："初一日，城内外家家供养，都插菖蒲、石榴、蜀葵花、栀子花之类，⋯早卖一万贯花钱不啻。""虽小家无花瓶者，用小坛也插一瓶花供养，盖乡土风俗如此。寻常无花供养，却不相笑，惟重午不可无花供养。"宋代民间插花盛行可见一斑。宋末元初周密所著风土类笔记《武林旧事》记载，南宋王朝时期杭州端午时节，宫廷之中"以大金瓶数十，遍插葵、榴、栀子花，环绕殿阁"。

　　蜀葵株型高挑，可以单独瓶插，亦可搭配其他花材。明代袁宏道在《瓶史》"使令"

一节提到，山花草卉需要配合，四季九种花或单插，或配婢（使令）。"梅花以迎春、瑞香、山茶为婢，海棠以苹婆、林檎、丁香为婢，牡丹以玫瑰、蔷薇、木香为婢，芍药以莺粟、蜀葵为婢，石榴以紫薇、大红千叶木槿为婢，莲花以山矾、玉簪为婢，木槿以芙蓉为婢，菊以黄白山茶、秋海棠为婢，腊梅以水仙为婢。"他还提到何以选择莺粟、蜀葵作为芍药的婢花，因为这二者虽妍却不与百花争，悄然盛开，让人想起鸾台。鸾台是唐代著名诗人司空图的爱婢，"图布衣鸠杖，出则以女家人鸾台自随"，隐于中条山王官谷。在最为爱花、了解花的文人袁宏道的眼中，蜀葵带有悄然安闲的不争之美，具有隐士之风。

蜀葵"昨日一花开，今日一花开"，单朵花期短者可能仅一日。宋代林洪在《山家清供》中记载："蜀葵花插瓶中即萎，以百沸汤浸之复苏，亦烧其根。"袁宏道所著中国最早的插花专著《瓶史》中亦记载，"戎葵……用沸汤插枝，叶乃不萎。"清陈淏子《花镜》也记载："蜀葵、秋葵、芍药、萱花等类，宜烧枝插，余皆不可烧。"明代王象晋《广群芳谱》记载，蜀葵"插瓶用沸汤，以纸塞口则不萎，或以石灰蘸过，令干方插，花开至顶，叶仍如旧"。这种用沸水烫根的方法，初听之下让人惊讶，但实践证明是一种有效的方法。经过开水浸烫的蜀葵，瓶插开花时间可保持15～20天。

清

周闲　蜀葵图　◄

❀ 辟邪

　　蜀葵在五月初开。古时民间五月称为"恶月"，阳气极盛而转亏，阴恶从五而生，而五月初五双五相逢，阳气运行至端点，是为端阳，也是最不吉利的恶时。此时天气迅速变热，日照强烈，多发各种瘟疫疾病。为对付此恶月恶日，古人便想出了一些办法——以药克毒、以饰物辟邪、竞渡争胜等。蜀葵的茎、叶、花、种子均可入药，有清热解毒、镇咳利尿之功效，跟其他端午植物具有相同的功效，故在五月被广泛用于驱毒辟邪。

　　明代《万历嘉兴府志》记载："端午，家悬神符，瓶插葵艾。"嘉靖山西《荣河县志》记载："端午悬艾虎，包角黍，戴葵榴。"

　　南宋末元初陈元靓《岁时广记》卷二一引吕原明《岁时杂记》："京师人自五月初一日，家家以团粽、蜀葵、桃柳枝、杏子、林禽、奈子，焚香或作香印。"

　　清代《古禾杂识》记载说："重午日，梁间贴朱砂辟邪符，胆瓶供葵花、艾叶，正午饮菖蒲雄黄酒。闺人作蟾蜍袋、蒜葫芦、金蜘蛛、绢老虎、钗梁缀、健人符；市上筛锣击鼓，跳黑面钟馗、红须天师；南湖观竞渡。"

　　扇子作为抵御盛夏酷暑的重要工具，伴随着端午节登场。节庆的目的之一是转"恶"为安。转"恶"为安的重要方式之一，就是为整个五月的阴阳转换准备端午扇。唐代时就有在端午节相互赠送扇子以祈祷消灾的做法，宫廷之中也会赐衣、赐扇等。从宋代开始，相互赠送团扇就成为端午节的重要礼仪。欧阳修《皇后阁五首》写道："画扇催迎暑，灵符喜辟邪。"端午扇有时也被称作"避瘟扇"，有降火消灾、万物生长，地祈丰产、人祈健康之功用。

　　端午扇上常见的绘画题材之一是农历五月盛开的花卉植物，其中最能给人留下深刻印象的是蜀葵、石榴花、萱草、栀子花。

　　南宋时期，皇室于端午节赏赐给宫廷内眷、宰相、亲王的画扇中，最特别的是"御书葵榴画扇"。在现存的南宋团扇画中，有多件蜀葵图，如上海博物馆与台北博物院各藏有一件画法精细的蜀葵图。北京故宫博物院所藏《夏卉骈芳图》团扇，以粉红的蜀葵为中心，左边黄色的萱花相陪，右边衬以白

蜀葵在华夏 ｜ 第二章　**127**

色的栀子花。能够成为端午画扇的主角,蜀葵、石榴花、萱草、栀子花等花草自然有别的花草无法替代之处——它们要么色彩鲜艳,要么香气扑鼻,而且大多还具有重要的药用价值。蜀葵颜色鲜艳而丰富,常被称作"五色蜀葵",而"五色"象征阴阳调和,阴阳调和正是端午的主题。古人早就认识到,蜀葵是治疗妇科病症的良药。因此,随身携带以端午时令花卉入画的画扇,某种意义上相当于把辟邪去病的花草携带在身上,有护身符之功效。

幼儿也是端午画扇的重要题材。儿童的生命较为脆弱,古代儿童顺利长大成人的几率比今天要低得多。端午是恶月,故画家常把婴孩放置在有蜀葵、萱草等端午花卉的背景之中。波士顿美术馆藏旧题周文矩《端午戏婴图》就是一柄有趣的宋代端午画扇。画面满是蜀葵、萱草、菖蒲。一名男婴正与两只幼猫一同嬉戏。他还在打着小鼓。鼓是宋代端午节重要的儿童玩具,人们相信鼓声足可驱散邪气。

到了明末清初,端午画作中开始出现钟馗画像,蜀葵也常常陪伴在钟馗左右。钟馗是中国民间相传能打鬼驱邪的神,他沟通了天地人三界,奔走于人鬼神之间,民间常挂钟馗神像辟邪除灾,流传"钟馗捉鬼"的典故传说。钟馗还是中国传统道教诸神中唯一的万应之神,求福得福,求财得财,有求必应。所以,说钟馗是"多面手"一点也不为过。春节时,钟馗是门神;端午节时,钟馗是斩五毒的天师,是阴曹地府的冥神,专司伏鬼、护佑各路百姓家宅平安。

清 黄山寿 钟馗 ▼

清 冷枚 人物 ▼

清

罗聘　钟馗嫁妹　▾

❀ 香品

中华香文化萌芽自上古时期，春秋战国时期开始出现生活用香。张骞出使西域之后，丝绸之路上陆续传入许多珍贵香料，使中华香文化大为丰富。至魏晋时期，香的品鉴已成风气，隋唐之时日趋完善，到宋代时达到鼎盛，明清时期，中国传统香文化得到普及，制香技术、香具工艺及香品等长足发展。在古人的香谱专著中，记载了蜀葵的应用。

蜀葵应用于香品，主要是作为香饼（炭）、香灰之用。宋代洪刍在《香谱》中记录了造香饼子法："软炭三斤，蜀葵叶或花一斤半，贵其粘。右同捣令匀，如末可丸，更入薄糊少许，每如弹子大，捏作饼子晒干，贮瓷器内，逐旋烧用。如无葵，则以炭末中半入红花滓同捣，用薄糊和之亦可。"

宋代陈敬在《陈氏香谱》介绍道："香饼：软炭三斤，蜀葵花或叶一斤半，右同捣，令粘匀作剂，如干，更入薄面糊少许，弹子大，捻作饼，晒干贮磁器内，烧旋取用，如无葵，则炭末中拌入红花滓，同捣以薄糊和之亦可。""长生香饼：黄丹四两，干蜀葵花、干茄根各二两，枣半斤，右为细末，以

枣肉研作膏，同和匀，捻作饼子，窨晒干，置炉而火耐久不熄。""香灰：蜀葵，枯时烧灰，装炉，大能养火"。

明代《香乘》里面记载对蜀葵的香品应用变化不大。书中记载："香饼：软炭（三斤末），蜀葵叶（或花一筋半）。右同捣令粘匀作剂，如干更入薄糊少许，弹子大捻饼，晒干贮磁器内，烧香旋取用，如无葵则炭末中拌入红花滓，同捣以薄糊和之亦可。""长生香饼：黄丹（四两），干蜀葵花（二两，烧灰），干茄根（二两，烧灰），枣肉（半斤）去核，右为粗末，以枣肉研作膏，同和匀，捻作饼子，晒干，置炉内大可耐久而不息。""香灰：蜀葵枯时烧灰妙。""香饼：炭末五斤，盐、黄丹、针砂各半斤。右以糊捻成饼或捣蜀葵和尤佳。"

以上记载说明，蜀葵可用来制作烧香用香饼、香灰。烧香用香饼贵在洁净无异味，蜀葵因其花叶有黏性，可做调和剂使用，干了之后又耐燃保火，故成为最好的材料之一。蜀葵干枯之后焚烧，粉末洁白如雪，细腻疏松，洁净无杂味，正是很好的香灰材料。

❀ 葵笺

古时，文人特别喜欢用花草来制作纸笺，然后用这种纸书信往来。如中国历史上曾出现一种名笺——薛涛笺。唐代女诗人薛涛创制的这种深红色小笺深受文人墨客的喜爱。薛涛在四川成都就地取材制成薛涛笺。对于薛涛笺制作的材料，明代宋应星在《天工开物·杀青》中称："芙蓉等皮造者统曰小皮纸………四川薛涛笺亦芙蓉皮为料，煮糜，入芙蓉花末汁。"从这篇文章可以看出，薛涛笺是用芙蓉树皮为原料，再用芙蓉花汁染色制作而成。

葵笺是一种很有名的纸笺。据南宋林洪《山家清事》记载，唐代许远曾制此笺分赠白居易、元稹等作诗唱和。

许判司执中远以蜀葵笺分惠，绿色而泽，入墨觉有精彩。询其法，乃得之北司刘廉靖，蹲采带露葵叶研汁，用布擦竹纸上，候少干，用温火熨之。许尝有诗云："不取倾阳色，那知恋主心。"此法不独便于山家，且知二公俱有葵藿向阳之意。

再看明代高濂《遵生八笺·燕闲清赏笺》中卷"造葵笺法"：

五六月戎葵叶，和露摘下，捣烂取汁，用孩儿白、鹿坚厚者裁段，葵汁内稍投云母细粉、明矾少许，和匀，盛大盆中，用纸拖染，挂干，或用以研花，或就素用。其色绿可人，且抱野人倾葵微意。

这里的戎葵就是蜀葵，孩儿白、鹿坚是两种纸，研花是在纸上研制花纹的一种工艺。碧绿的葵笺上饰着云母粉，显得极为雅致。葵笺用葵叶汁染色的方法，就是薛涛用芙蓉花瓣汁染色制作薛涛笺这一方法的延续和发展。

❀ 织绣

蜀葵还在古人的织绣中有所体现。

中国汉代以来就有"五时色"的官服制度，即官员按照季节更换官服颜色，孟春穿青色，孟夏穿赤色，季夏穿黄色，孟秋穿白色，孟冬穿黑色。之后，妇女渐渐根据季节簪花，演变到明清时代，五时色体现在了宫廷服饰图案设计上。清代逐渐形成一个不成文的规定，后妃、公主、福晋等后宫佳丽以及七品命妇所穿便服上要绣各个季节的花卉，春季为牡丹、绣球、山兰、万年青、探春、桃花、杏花、迎春花等，夏季为蜀葵、扶桑、牡丹、百合、万寿菊、蔷薇、虞美人、芍药、石竹子、石榴、凌霄、荷花、杜鹃花、玫瑰花等，秋季多为剑兰、桂花、菊花、秋海棠等，冬季为梅花、山茶花、水仙花等。

故宫博物院藏有织绣文物十三万余件，包括服饰、材料、陈设用织绣品和织绣书画四大类。其中，明代的《洒线绣蜀葵荷花五毒纹经皮面》堪称当年紫禁城里的绝世精美织绣文物。面料以黄色二经绞直经纱为底衬，上用红、蓝、黄、绿、棕、白等色衣线和蜀绒线为绣线制花纹。经皮面上部绣五色云，下部绣争奇斗艳的荷花和蜀葵，并在硕大的蜀葵叶上饰有蜈蚣、蝎子等五毒纹饰，花纹为间隔排列。此经皮面构思巧妙，用线讲究，设色浓丽自然，古朴大方，绣工娴熟精湛，具有明代织绣图案的装饰风格，为明代京绣之精品。

⑲

洒线绣蜀葵荷花五毒纹经皮面　▲

第 三 章 ——

蜀葵走向世界

/

SHU

KUI

ZOU

XIANG

SHI

JIE

蜀葵在中世纪到达欧洲时所用的是一个法语名字 Rose
d'outremer（意为"海外的玫瑰"，指向的是十字军战斗的地方）。
它们的英文名 Hollyhock 中，holly 是 holy 的讹用，意为从"圣地"
而来的锦葵，即由朝圣者或十字军战士带回的种子。

——[英] 西莉亚·费希尔《东方草木之美》

蜀葵的"丝路"传播史

中华文明有着悠久的历史，中华文明与亚洲、欧洲、非洲的古代文明很早就开始接触，相互交流，相互影响。古文明之间通过各种线路进行交往，其中，丝绸之路是东西方往来的主要通道，是东西经济、政治、人员、文化和思想交流的大舞台。

丝绸之路是一个不断演变的学术概念。它最早是由德国地质地理学家费迪南·冯·李希霍芬于 1877 年在其著作《中国》中提出来的，最初指西汉张骞出使西域后形成的以丝绸贸易为主的东西方交通线路，线路以长安为起点，经关中渭河流域，穿过河西走廊，出玉门关、阳关后，经今天南疆的喀什，越帕米尔高原，到中亚，再经西亚到达伊朗，或从西南越兴都库什山到今阿富汗、巴基斯坦与印度。这是最早也最为狭义的古代丝绸之路。张骞通西域之后不久，中国丝绸运到了罗马帝国，"丝路"的空间进一步扩大，不断发展、丰富。

丝绸之路这个概念在国内的提出要比李希霍芬晚一些，所指的空间路线和内涵较李希霍芬严格限制的丝绸之路概念丰富得多。随着研究的推进，丝绸之路被扩展为古代和中世纪从黄河流域和长江流域，经印度、中亚、西亚连接北非和欧洲的文化交流之路。中国学者林梅村归纳出了连接东西方的多条丝绸之路：沙漠之路、草原之路、海上交通、唐蕃古道、中印缅路、交趾道。每一条线路均有着特殊的历史。比如中印缅路又称南方丝绸之路，以巴蜀为中心，以成都平原为起点，分东西两路进入缅甸，跨入域外。茶马古道即为这一路线的重要组成部分。这条路线早在张骞出使西域之前就已经存在。

海上丝绸之路在我国的发展始于商周，发展于春秋战国，形成于秦汉，兴盛于唐宋，衰败于明清。作为东亚地区相望之国的中国和日本，其经济文化交流的历史源远流长。到了南朝时期，日本遣使从大阪出发，经北九州、对马岛、朝鲜、渤海、山东半岛到达南京、扬州，该航线即为东海丝绸之路或海上丝绸之路北线。古代中国对日本的影响是全方位的，日本的琴棋书画花酒茶文化皆体现出受古代中国文化的浸润。根据目前掌握的文字资料，蜀葵走出国门的最早记录也是沿古代的海上丝绸之路到达日本。

早在唐代，蜀葵就来到了东北亚的韩国与日本。大约在平安时代（794—1192年），蜀葵就已从大唐传入日本，日本称其为唐葵。明代成化年间（1465—1487年），日本的一位使者来到中国，曾把栏前的蜀葵误认为是木槿花，问明白是蜀葵后，写下了一首诗："花如木槿花相似，叶比芙蓉叶一般。五尺栏杆遮不尽，尚留一半与人看。"诗歌很一般，倒也形象。到江户幕府时期（1603—1868年），日本称蜀葵为立葵。

唐代官员的常服颜色有如下规定：三品以上服紫，四品、五品以上服绯，六品、七品以上服绿，八品、九品以上服青。唐代官员最尊贵者穿紫色官服。如此的官品服色制也从朝堂延伸到了民间，影响到了普通民众对服装色彩的尊崇，当然也对日本产生了深刻影响。紫色成为当时日本宫廷最高贵的色彩。而紫色系列中，有一种为高贵的葵色，是从日本平安时期承袭至今的传统色彩，这便是以紫色的唐葵花来命名的。

同时，蜀葵也进入了日本浮世绘艺术家的视野。浮世绘是日本江户时代流行于民间的木刻版画，可以说是日本民俗的百科全书。江户时期的狩野常信、渡边始兴等多位著名画家都曾画过蜀葵。

㊐㊋

渡边始兴〔1683—1755〕绘 ➤

除了海上丝绸之路，还有陆上丝绸之路。跟传播到日本的形式一样，蜀葵通过中国到西方古老的贸易路线踏上了西行之路，到了叙利亚总督的花园、奥斯曼帝国的宫殿，蜀葵的身影屡现于波斯（伊朗的古名）细密画。细密画是起源于前伊斯兰时期的绘画艺术，在中国的造纸术在 9 世纪传入西亚之后真正开始发展，在 13～17 世纪流行于波斯文化影响范围。这是一种用来装饰书籍的精致小型绘画，画作用特别细的画笔绘制，结合了伊朗装饰艺术和东西方绘画技巧。

英国知名博物作家西莉亚·费希尔毕业于伦敦大学科陶德艺术学院（The Courtauld Institute of Art），自大学时期就热衷于研究 15 世纪绘画和手抄本中的花卉以及关于植物和花园艺术的历史，从中发现了一些生长在西方花园里植物的身世之谜。费希尔在自己的著作《东方草木之美：绽放在西方的 73 种亚洲植物》中讲述了 73 种亚洲草木从东方到西方的迁移史，里面就有关于蜀葵的章节。书中记载，"在波斯细密画中也随处可见蜀葵的身影，无论是在花园景象中，还是在军队战斗的荒芜土地上，以及神话英雄的事迹当中。对页图（见右页左图）选自尼扎米所著的《五卷诗》，画的是公元 12 世纪，塞尔柱王朝苏丹桑贾尔被一个老妪搭讪，老妪状告他的人抢劫了自己的财物。在即将出发征服世界前，他拒绝处理这等琐事。但老妪拦住他问道：'如果连自己手下的兵都管不好，何以能征服外族？'这个问题让他停下了步伐。"

尼扎米（Nizami，1141—1209 年）是古代波斯七大古典诗人之一，也是波斯文学史上有着重要地位的著名诗人。他终生从事波斯语诗歌创作，留有波斯文和全体伊斯兰文学中的重要里程碑之作《五卷诗》和一些抒情诗。《五卷诗》中的许多情节被画家用细密画绘成了不同的具体形象。在描摹苏丹与老妪对话的图画中，人物周身环绕蜀葵。按照费希尔的考证结论，蜀葵最迟在 13 世纪初便来到了波斯。细密画是波斯艺术中一个重要的门类，而当时波斯文化在丝绸之路上有着广泛传播，具有极强实用性、观赏性与适应性的蜀葵高频率地出现在波斯细密画中也就不意外了。

伊朗

波斯细密画 《五卷诗》插画 ▲

伊朗

波斯细密画 ▲

伊 朗

波斯细密画 ▲

伊 朗

波斯细密画 ▲

蜀葵也出现在今伊拉克境内。

20 世纪 50 年代，考古学家在伊拉克的沙尼达尔洞穴中发现了一具蜷缩着的尼安德特人遗骸，遗骸四周发现了一定数量的蜀葵花粉。此后，"蜀葵人"便成了尼安德特人的昵称。经专家考证，这些花粉属于当地的一种蜀葵，这种蜀葵的植株不高，花为单瓣。很多专家认为，花粉很可能是被风意外地吹入洞穴并汇集在死者身边的。不管怎样，这至少说明蜀葵在伊拉克当地被广泛种植。

㉚㉘㉙
Juan Gimenez Martin〔1855—1901〕绘　▲

Jan Brueghel the Elder〔1855—1901〕绘 ▲

蜀葵在亚洲扩散的同时，继续西行，到达了欧洲。

北京林业大学花卉教研组编写的大学教材《花卉学》（中国林业出版社 1988 年出版）一书中写道："蜀葵于明末的 1573 年从中国输入欧洲。"这真的就是蜀葵到达欧洲的最早时间吗？在《东方草木之美：绽放在西方的 73 种亚洲植物》中，作者西莉亚·费希尔提供了相关信息："可以证实的是，蜀葵在中世纪到达欧洲时所用的是一个法语名字 Rose d'outremer（意为'海外的玫瑰'，指向的是十字军战斗的地方）。它们的英文名 Hollyhock 中，holly 是 holy 的讹用，意为从'圣地'而来的锦葵，即由朝圣者或十字军战士带回的种子。……因为在中医药学里，所有锦葵都有缓解不适的疗效，所以蜀葵也同样很有价值。"

十字军东征是一场发生在 1096 年至 1291 年持续近两百年的军事行动。十字军东征归来的士兵将耶路撒冷当地栽种的蜀葵的种子带回了欧洲。据此，我们可以得出蜀葵西行传播的两个关键时间点：一是蜀葵在西亚的种植时间最迟出现在 13 世纪；二是蜀葵在法国出现的时间最迟也是 13 世纪。这就推翻了前述"蜀葵于明末的 1573 年从中国输入欧洲"的观点。而《植物探索之旅》（长春出版社 2015 年出版）一书中还提到了一个细节："十字军东征战士把蜀葵的种子带

到了英国。"《植物探索之旅》作者桑德拉·纳普（Sandra knapp）是国际公认的植物学家，也是伦敦自然历史博物馆的一项国际合作项目《中美洲植物志》的编辑之一。桑德拉·纳普有如此深厚的植物学功底，其关于蜀葵传播到英国的观点还是极具可信度的。

如果说蜀葵西行的传播时间见于文字记载稍显晦涩的话，那绘画作品则具有直观性。绘画作品集艺术价值和文化价值为一体，是历史的见证者。目前搜集到的最早的西方蜀葵绘画作品，是较早使用油彩的意大利画家彼得罗·佩鲁吉诺（Pietro Perugino，约 1450—1523 年）作于 1485 年的《基督受难与使徒》（见右图）。画中，一株单瓣的红色蜀葵位于孤身一人的信徒的正下方，其寓意为"救赎"。当然，这幅画所提供的信息远不止这些。佩鲁吉诺与达·芬奇（Leonardo di ser Piero da Vinci）、波提切利（Sandra Botticelli）同是安德烈·德尔·韦罗基奥（Andrea del Verrocchio）的学生。他还是拉斐尔·圣齐奥（Raffaello Sanzio）的老师，历史评价他对盛期文艺复兴美术有相当的贡献。在 16 世纪的欧洲，佩鲁吉诺以其特有的细腻绘画风格，风靡西方绘画界。这幅画说明，蜀葵最迟在 15 世纪末就已经被引种到了意大利。

意大利

Pietro Perugino〔约 1450—1523〕绘　基督受难与使徒　▲

荷兰

Jan van Huysum (1682—1749) 绘

Jan van Os（1744—1808）绘　▲

15 世纪时，蜀葵已经在欧洲各国的宫廷花园中广为栽植，文艺复兴时期的众多大师如提香（Tiziano Vecelli）、丢勒（Albrecht Dürer）都画过蜀葵的作品。

总之，现有绘画作品的实证显示，蜀葵通过丝绸之路在世界广为传播，最迟 8 世纪来到日本，13 世纪来到西亚，15 世纪被引种到欧洲，成为世界范围内广泛分布的中国花卉。蜀葵也是引种到世界最早最多的中土植物之一，它比中国的菊花、牡丹、茶花、月季、杜鹃、木兰、珙桐、百合、翠菊等花卉传入欧洲的时间早近两三个世纪。

㊟ 国

Paul Cézanne(1841—1919) 绘 ▲

第
二
节

❖

文艺作品中的蜀葵

　　走出国门的蜀葵成为一种人气植物。早期的欧洲艺术作品中，屡屡见到蜀葵的身影。除
了身带"圣地草药"的各种疗效光环外，作为一种味道不错的食材，它们的新生嫩叶和花朵
被添加到各种菜肴中。随着时间的推移，蜀葵更多地被人们塑造为花园观赏花卉的形象。自此，
蜀葵成为多元文化的载体，更加广泛地融入当地人们日常生活的方方面面。这一点，在文艺
作品中表现得尤为突出。

　　《玛丽亚的花园》由 15 世纪初一位莱茵河区的画师所绘，描绘的是幽闭花园，为我们提
供了中世纪花园艺术的真实写照。在圣经文化语境中，植物与花园都象征了神的介入，指涉
了恩典的力量。这种将植物、花园和恩典救赎联系起来的阐释，在天主教与非天主教艺术家
的作品中均有体现，并且 16、17 世纪的天主教与新教诗人都有运用。莱茵河发源于瑞士境内
阿尔卑斯山区圣哥达山脉，向西北流经法国、德国、荷兰等九国，全长 1320 多公里，是欧洲
最繁忙、最重要的河流之一。发端于中国的蜀葵沿着莱茵河不断扩散、繁衍。

　　德国文艺复兴时期的艺术大师阿尔布雷特·丢勒（1471—1528 年）作品内涵丰富，他凭
借高超技艺把自己的创作思想表达得淋漓尽致。丢勒于 1503 年绘制了一幅版画《圣母与动物
们》（*Madonna of the Animals*）（见右图）。画面的右下角就有四株正在盛开的复瓣红色蜀葵。
整幅画人物曲线柔和，明暗过渡和谐，充满抒情性色彩，而蜀葵让画面呈现出温馨氛围。

法 国

Albrecht Dürer〔1471—1528〕绘　圣母与动物们　▶

意大利

Vittore Carpaccio (1465—1526) 绘　▲

意大利
Tiziano Vecellio（1490—1576）绘　人类的堕落　▲

同样是文艺复兴早期的一位画家，在1505年创作了一幅有蜀葵元素的蛋彩画（见左页图）。他就是威尼斯派的意大利画家维托雷·卡巴乔（Vittore Carpaccio，1465—1526年）。蛋彩画的正式名字叫"丹培拉"，起源于古希腊、古罗马时期，是欧洲最古老的画种之一，其发展在文艺复兴时期达到顶峰。蛋彩画主要以蛋清或蛋黄等水溶媒介作为绘画颜料的调和剂，有多种混合方式。维托雷·卡巴乔的这幅蛋彩画的主题是救赎，画的右下角绘有一株正在盛开的单瓣红色蜀葵，体现出独特的艺术魅力——充盈着画家

自己主观的抽象意味与隐喻色彩，并以冷静的态度来叙述对生命的感悟。

1490年出生于阿尔卑斯山地区的提香（1490—1576年）被誉为西方油画之父。提香·韦切利奥于1550年绘制了一幅油画《人类的堕落》，画的右下角有两株正在盛开的红色蜀葵。

从彼得罗·佩鲁吉诺、阿尔布雷特·丢勒、维托雷·卡巴乔、提香·韦切利奥四位著名画家的作品可以看出，在15世纪初，西方种植的蜀葵不仅有单瓣，还有复瓣，只是花色略显单一。

在被誉为18世纪"花卉画家之翘楚"的荷兰画家扬·凡·海瑟姆（Jan van Huysum，1682—1749年）的众多绘画作品中也能见到蜀葵的身影。其中，画于18世纪初期的一幅布面油画《花瓶中的蜀葵及其他花卉》（见右图）是他的代表作品，也是世界最著名的静物名画之一。这幅画的构图有种建筑构图的逻辑性。左边的蜀葵争相开放，花朵上方还有一串含苞待放的花骨朵。另一边的野花开得娇艳，稀稀落落地与蜀葵构成平衡。一朵稀有的郁金香，边缘褶皱呈深红色，像一颗漂浮的星星悬在中间，在康乃馨和卷心菜般的叶子上，我们可以发现两只蜗牛。还有一幅油画作品《花瓶和花》，几朵蜀葵被画家放在深沉的背景前突现了出来，玻璃花瓶隐没在花朵的背后。这也是一幅花姿娇艳的静物花卉，画面层次比较复杂，色彩分布讲究整体布局，用色沉着华丽，富于质感。总之，在扬·凡·海瑟姆的画作中，蜀葵花朵绽放时姹紫嫣红的旺盛生命力十分动人。

荷 兰

Jan van Huysum（1682—1749）绘
花瓶的蜀葵及其他花卉　▶

〔比〕〔利〕〔时〕

Jan Bruegel the Elder (1568—1625) 绘

　　另外，荷兰印象派画家文森特·威廉·凡·高（Vincent Willem van Gogh，1853—1890 年）也被优美雅致、花大色艳、五彩斑斓的蜀葵深深吸引，他在自己的画作中多次使用蜀葵元素。凡·高最爱画的植物是向日葵，因为他认为向日葵有着乡村才有的粗犷和不经雕琢，能让自己产生强烈的共鸣。象征主义诗人、评论家加布里埃曾指出，凡·高的向日葵富有一种饱含力量的张力，他曾写道："在凡·高描绘的天空中，总是有一轮圆日闪耀着熠熠光芒。他对太阳的热爱也覆盖了植物中的那一轮'太阳'——瑰丽的向日葵，它让凡·高像个偏执狂一般一遍遍地描绘，从不感到厌倦。"凡·高回应道，在他眼里，向日葵代表着一种意义：感恩。蜀葵与向日葵一样，也具有向阳的特征，这或许是凡·高也钟情于蜀葵的原因之一。大约是在 1886 年，凡·高作了一幅油画《花瓶中的蜀葵》（见左页图）。在这幅画中，绚丽明亮的铬黄色、大红色、深红色把整个画面烘托得激情四溢，花蕊在相叠的点彩下呈现不同的色泽，花瓣在交叉条纹的烘托下，显得突出而浑厚，背景与花瓶在富有节奏和韵律的笔法下显出肌理的粗糙美。蜀葵在凡·高豪放又多变的艺术笔法下，充满了无穷的生命力，在一个多世纪之后依旧栩栩如生地绽放在世人眼前。可以说，凡·高用他的画笔赋予了这些蜀葵新的生命。

㊟㊟

Oscar-claude Monet〔1840—1926〕绘　花园，蜀葵▲

法国印象派画家奥斯卡·克劳德·莫奈（Oscar-claude Monet，1840—1926年）笔下的花园系列作品中，睡莲和垂柳是我们所熟悉的，但蜀葵也不可忽视。莫奈花园是莫奈的故居，位于法国巴黎吉维尼小镇。莫奈在这里度过了整整43年。莫奈花园里什么奇花异草都有，一年四季都有鲜花绽放，赤橙黄绿青蓝紫白，一簇一簇展现勃勃生机。莫奈有一组《花园，蜀葵》的绘画作品（见P166—167），画中的蜀葵高大挺拔，细部毕现，笔触果断，色彩效果相当震撼，与人物和其他植物融合为一，贴切地表达出莫奈对东方生活艺术的理解：生活与季节变化及时间流逝的节奏之间亲密和谐。

蜀葵是对西方绘画艺术史影响最早的一种中国植物，它还对西方文学、音乐甚至建筑都产生了影响。

英国女作家艾德琳·弗吉尼亚·伍尔芙（Adelline Virginia Woolf，1882—1941年）在长篇小说《远航》中写道："我好厌烦大海，因为里面没有漂浮着鲜花，想象一下，满是紫罗兰和蜀葵的大海，多好啊！"看得出来，伍尔芙非常喜欢花，而且她在感受蜀葵旺盛生命力的同时，还能透过文字描述展开想象，确实带给读者一种别样的感受。

《花样女人》是19世纪法国最著名的讽刺漫画家和插画家格兰维尔（J.J.Grandville，1803—1847年）的传世之作，也是其遗作。格兰维尔出身于艺术世家，青年时为几家讽刺刊物画漫画，以其版画集《白日变形记》（1829年）而闻名。《花样女人》使格兰维尔跻身于19世纪大插图画家的行列。格兰维尔在《花样女人》一书中画了几十种花，然后配文，书中把女人比作花，把花比作女人。书中有一幅蜀葵，画的是红花绿叶的蜀葵边，女子正在修道院给青蛙医病。书中有注解说，过去欧洲修道院皆备着蜀葵用于救死扶伤，医道济世。给画配文字的是当时的一位法国作家，文字十分有趣："蜀葵在大地上一直充分发挥助人为乐的天性。她长期看护病人。她最大的幸福是泡制蒂萨茶。经常在田野里散步时，遇到一只蚱蜢在犁沟里热得昏昏睡着了，或者一只青蛙蹲在灯芯草里，她觉得蚱蜢和青蛙都有病的样子，就会把它们带回家治疗。她这份热忱发展到近于偏执的程度。"

同样是英国作家，威廉·萨默赛特·毛姆（William Samerset Maugham，1874—1965年）在长篇半自传体小说《人性的枷锁》中写道："菲利普想到了一座乡间农舍的花园，还有花园里那些在所有男人心中怒放的花朵，有约克郡白玫瑰、兰开斯特红玫瑰，有蜀葵与黑种草，美洲石竹与忍冬花，还有飞燕草和虎耳草。"

Edmund Blair Leighton〔1852—1922〕绘 ▲

Madeleine Jeanne Lemaire〔1845—1928〕绘 ◄

奥 地 利
Hans Zatzka (1859—1945) 绘 ◄

在英国女作家夏洛蒂·勃朗特（Charlotte Bronte，1816—1855 年）的长篇小说《简·爱》中，蜀葵也令人印象深刻："校园里充满阴郁和恐惧，房间和过道中弥漫着医院的气息，药物和熏香徒劳地想掩盖住死亡的恶臭，而在户外，五月明媚的阳光毫无遮蔽地照耀着陡峭的山冈和美丽的林地。学校的花园里也繁花似锦，蜀葵长得像树一般高，百合已经吐艳，郁金香和玫瑰正在盛开。小花坛四周点缀着粉红的海石竹和深红的复瓣雏菊，呈现出五彩缤纷的景象。"

法国大文豪大仲马（Alexcmdre Dumas，1802—1870 年）的名著《基督山伯爵》也提到了蜀葵："且说这天，被工作弄得精疲力竭的检察官下楼走进后花园，脸色阴沉，低头沉浸在一种排遣不开的思绪中；就像塔奎尼乌斯用手杖猛抽长得最高的罂粟花一样，德·维尔福先生用他的手杖抽着蜀葵枯萎的细茎，小径两侧这两行枯谢的蜀葵，犹如在刚过去的季节中灿烂开放的花朵的幽灵。"

此外，美国作家玛格丽特·米切尔（Margaret Mitchell，1900—1949 年）的名著《飘》也提到了蜀葵："乐台对面会场另一头，连太太小姐都黯然失色了。因为在这面墙上挂着戴维斯总统和南部邦联的副总统、佐治亚本州的'小亚力克'史蒂文斯的巨幅肖像。肖像上方是面巨旗，旗子下一张张长桌上摆着从城里各个花园采集来的鲜花，有凤尾草、成排成排的各色玫瑰：深红的、黄的、白的，还有剑兰那神气的叶鞘，大批五颜六色的旱金莲、高高矗立的蜀葵在花丛中探出深紫和奶黄两色花冠。"

安徒生（Hans Christian Andersen，1805—1875 年），一个因童话故事而被世人永久铭记的伟大作家，很多人还没学会阅读就已经牢牢记住了这个名字。《卖火柴的小女孩》《丑小鸭》《野天鹅》《拇指姑娘》……他所写的经典童话故事陪伴了无数小朋友、大朋友。在他的童话故事《贝脱、比脱和比尔》中也出现了蜀葵："他很可能成为一个强盗，但是他却没有真正成为一个强盗。他只是样子像一个强盗罢了：他戴着一顶无边帽，打着一个光脖子，留着一头又长又乱的头发。他要成为一个艺术家，不过只是在服装上是这样，实际上他很像一株蜀葵。他所画的一些人也像蜀葵，因为他把他们画得都又长又瘦。他很喜欢这种花，因为鹳鸟说，他曾经在一朵蜀葵里住过。"

蜀葵还被诗人用来纪念挚爱的妻子。1985 年，韩国诗人都钟焕（Do Jong-hwan）的妻子因胃癌去世，留下两个孩子，诗人思念亡妻而写的诗集《我心中的蜀葵花》于 1986 年出版，引起强烈反响，累计销售达百万部。

全诗原文如下：

雨点落在玉米叶上
今天又挺过来了
我们剩下的时光
很短很短
最多到寒风吹落叶飞扬
生命从你的身体里沙沙流走
像早晨的枕边堆满无声脱落的头发

种子长成果实
还要等待很多天
等待你和我翻耕的荒地

依旧无人打理
我失魂落魄
独坐在覆盖田埂的飞蓬和杂草边
久久不能起身
关于是否用一次猛药
踌躇难决
我们并肩耕耘卑微生活的角落
你连一只虫子都不忍心伤害
更不想恶狠狠地对待生活
可是你我不得不接受的
剩下的日子
每一天都是乌云密布

最初想起蜀葵花似的你
仿佛拥抱坍塌的墙垣
不可抑制的高烧让我颤栗
"你还要活下去，不要愧疚
像我们曾有过的最好的日子"
我知道我必须接受这最后的话语

从前不愿舍弃的

微不足道的清高和荣辱

如今要毫无保留地舍弃

我心里的一切也要交给

更疼痛更悲伤的人

我为这样的时光越来越短而伤心

剩下的日子固然短暂

我们还要站在腐烂的伤口中间

竭尽全力去反抗

把每一天都当作生命中的最后一天

我们周围总有很多

怀着更大的痛苦死去的人们

应该想到带着肉体的绝望和疾病而死

多么令人心痛

看着你褪色发黄如蜡纸的脸

这些话的确难以启齿

如果你的肉体还有完好的部分

还不如慷慨地

赠予需要它们的人

我也想在临走之前

欣然卸下这肉身的某个部分

雨打玉米叶的声音更响了

现在我又要在黑暗中送走长夜

直到黑暗消失迎来崭新的黎明

我都会紧握你的手，永远守在你身边

法 国

Emile Pierre Metzmacher [1815—1890] 绘　▲

除了文学作品，蜀葵也出现在了歌词中。比如俄语歌曲《蜀葵》中，蜀葵象征着美好、多情和坚韧。歌词大意是：

屋旁的蜀葵在沉睡

月亮出来了，轻摇着它们

只有妈妈尚未入眠

妈妈没睡，因为她在等我

妈妈没睡，因为她在等我

啊，亲爱的妈妈，请不要再等我

我永远不能再回家

蜀葵自我的心中发芽

开出带血的花儿

不要哭泣，妈妈，你不是一个人

战争种下大片蜀葵

等到秋天他们就会对你窃窃私语

睡吧，睡吧，睡吧，睡吧……

妈妈们都有可爱的孩子，而我的妈妈只有花儿

窗下那些孤零零的蜀葵，窗下的蜀葵早已沉睡

窗下那些孤零零的蜀葵，窗下的蜀葵早已沉睡

太阳升起，跨出门槛

人们向你鞠躬致敬

请穿过草坪

茂密草甸上的蜀葵会触碰到你的指尖

生命就像歌曲，永不止息

在蜀葵中，我将再次为你而活

她若没能安抚你的心境

原谅我，原谅我，原谅我，原谅我……

俄罗斯

Sergey Konstantinovich Zaryanko (1818—1870) 绘 ▾

英国披头士乐队与蜀葵合影 ▶

除了歌词，让蜀葵与音乐结缘最出名的莫过于英国的披头士乐队（The Beatles，又译甲壳虫乐队）了。英国有一座纪念披头士乐队的博物馆，每年都会吸引大量来自世界各地的歌迷于此汇聚，重温披头士的星路历程。披头士乐队对于流行音乐的革命性的发展与影响力无人可出其右，对于世界范围内摇滚的发展做出了巨大的贡献。披头士乐队对来自中国的蜀葵十分珍爱。1968 年 7 月 28 日，英国五位摄影师为披头士乐队在伦敦北部的圣潘克拉斯老教堂和花园里拍摄了一组与中国蜀葵在一起的照片。

英国

Etheldreda Janet laing（1872—1960）摄影 ◀

如前文所述，蜀葵被引种到欧洲的时间较早。披头士乐队与蜀葵结下不解之缘，应该也与音乐有关。"有多少鲜花含苞欲放，在那英格兰乡村花园。请你听我们说端详，说得不全请你原谅。水仙花、紫罗兰、夹竹桃和凤仙，高高的蜀葵在路边，玫瑰红，雪球白，相思花儿一片蓝……"这是英格兰人们耳熟能详的民歌《乡村花园》，整首歌曲的音调优美风趣，格调清新。歌词以大自然中的动植物为表现内容，其中就有蜀葵花。蜀葵花在国外很多地方所代表的意象是梦想。披头士乐队不仅是流行文化的超级偶像，更是一种文化形式的塑造者。但是在乐队成立最初，四个成员的梦想就是有朝一日能闯出名堂。他们都怀揣着这样的梦想，像蜀葵花始终向阳一样坚定不移，最终取得了成功，成就了梦想。

蜀葵还是世界上最早的彩色花卉照片的主角。1908 年，38 岁的英国母亲埃塞德丽德·珍妮特·莱恩（Etheldreda Janet Laing, 1872—1960 年）开始拍摄彩色照片。要知道，那时还是黑白照片的时代，彩色摄影技术直到 1907 年才有商业上的实用性。1908 年莱恩决定尝试彩色摄影，并在英国牛津伯里诺尔之家建立了自己的暗室。她最喜欢的拍摄对象是她的两个女儿珍妮特（Janet）和艾丽斯（Iris）。1908 年起，她在伯里·诺尔庄园内种满蜀葵花的花园里为她们拍照，为自己的一对可爱女儿留下了早年珍贵的彩色影像。埃塞德丽德·珍妮特·莱恩也因此成为世界上最早留下彩色照片的摄影先驱。她在 1908—1914 年拍摄的这组蜀葵照片极其珍贵，是目前发现的世界上最早的一组蜀葵彩色照片，也是世界上最早的花卉彩色照片之一。

日本动画电影《龙猫》里的蜀葵　▲

　　在日本，五彩缤纷、优美雅致的蜀葵以其超强的适应性，出现在众多的动画片中。花色艳丽的蜀葵花也因此成为最受日本孩子喜爱的花卉之一。

　　《龙猫》是日本动画大师宫崎骏执导的一部动画电影，描绘了日本在经济高度发展前的美丽乡村。在那个只有孩子才能看见的充满奇异想象力的世界，出现了包括蜀葵在内的许多植物。在城市化日益加速的今天，儿时熟悉的自然生态景观越来越少。抽出时间重温这部可爱的电影，从那一株株鲜活的植物中，我们或许能够拾到童年的记忆。

　　说到电影里的蜀葵，据不完全统计，西班牙就先后拍摄过三部名为《蜀葵》的电影，分别拍摄于 1926 年（黑白无声）、1942 年（黑白）和 1954 年（黑白）。

西班牙电影《蜀葵》海报　▲

第

三

节

❖

应用于日常生活的蜀葵

　　许多花都有自己独特的寓意，这就是花语。花语表达了人们的某种情感和愿望。它最早起源于古希腊。希腊神话中众神的故事往往与各种花卉有关系，这就使得各种花卉有了特别的含义，比如：爱神出生时创造了玫瑰，因此玫瑰从那个时代起就成了爱情的代名词；纳西索斯因迷恋水中自己的倒影而跌入水中化为水仙花，水仙花就有了"自恋"的含义。到了18世纪末19世纪初，由于约瑟芬皇后的巨大影响力，法国开始盛行花语，随后花语流行到了英国和美国。许多作家都在自己的文学作品里加入花语信息并出版，上流社会的女性开始接受这种由花卉传达的信息，宫廷园林建筑中也开始有意识地运用花语信息。大众对于花语的接受是在19世纪中叶。由于那个时候的社会风气，人们表现得比较内敛，在大庭广众下表达爱意是一件很难为情的事情，所以恋人间赠送的花卉就成了爱情的信使。随着时代的发展，花卉成了社交生活中常见的赠予品，更加完善的花语代表了赠送者的意图。

㊋ ⓐ

Emile Pierre Metzmacher（1815—1890）绘　▲

在西方，蜀葵的花语是"梦"。西方有将圣人和特定的花朵结合在一起的习惯，这最初源于教会在纪念圣人的时候，常常以盛开的花朵来点缀祭坛。中世纪时期，大部分修道院都处在南欧地区，而南欧地区属地中海气候，非常适合栽种花草树木。当时的修道院就像我们现在的植物园一样，种植着包括蜀葵在内的各式各样的花朵，久而久之，基督教教会便将366天的圣人分别与不同的鲜花结合在一起，形成"花历"。所谓花历，就是以花为代称来代表月份，不同的月份由不同的花来代表。祭祀圣斯塔法诺那天，主要选择使用蜀葵。原来，圣斯塔法诺是在公众场合演讲时被人用乱石击死的。他死了以后人们一直找不到遗骸，直到公元415年，圣斯塔法诺托梦告诉主教，人们才发现圣斯塔法诺的遗骸。所以，蜀葵在西方人眼中的花语就是"梦"。据说凡是在8月3日出生的人，都是爱做梦的，幻想自己以后的爱情就像小说情节般高潮迭起。

无独有偶，在中国，蜀葵也有"梦"的寓意，这起源于一个传说。古时候有一个名叫王其祥的读书人，生来很喜欢和花草为伍。而在百花之中，他又特别钟爱蜀葵花。有一天，他在百花竞放的花园里赏花，不知不觉中睡着了。在酣睡中，他梦见了一个青衣人引导他去游山玩水，看百花仙子的歌舞表演。歌声悦耳、舞姿撩人，实在使人陶醉。当他从百花的芬芳和仙子的美妙舞姿中惊醒过来时，却发现只是南柯一梦，根本就没有青衣人或者什么百花仙子，眼前只有一阵阵凉风吹动着蜀葵花，向他轻轻地点头致意而已。他在略带伤感的心情下，为自己取了个别名叫"蜀客"，以纪念这段奇异的梦境。

蜀葵因有着"梦"的花语含义，常被用来形容执着追求的梦想，红色的蜀葵则有着"温和"的花语含义，可送给恋人或者妻子以表达爱意。

用蕴含"花语"的花来赠给他人是人们表达感情与愿望的方式，花语成为一定范围内人们公认的信息交流形式。这正如英国诗人华兹华斯所说："一朵微小的花对于我，可以唤起眼泪也不能表达的别样的情思。"

由于蜀葵在世界的传播度极高，所以花语的内涵在各地也有所延伸。在有些国家，蜀葵被人们用来祝福母亲，在母亲生日时送上一盆蜀葵，可表达感怀慈晖、祝福母亲健康长寿之意。此外，蜀葵的生命力强而富有朝气，所以探视病人时赠送一束色彩柔和的蜀葵，可表达祝愿早日康复之意。蜀葵花由下向上成串开放，也可用来祝贺乔迁新居，寓意祝愿平安吉祥，日子越过越兴旺。

㊀国

Daniel F. Gerhart〔1856—1923〕绘　▶

英 国
Lawrence Alma-Tadema（1836—1912）绘

诗人木心说："从前车马很慢，书信很远。"在通信不太发达的年代，书信往来是相隔两地的人交流沟通的主要方式，邮票发挥的作用尤为重要。很多国家，如匈牙利、奥地利、阿尔巴尼亚、阿拉伯联合酋长国、保加利亚、德国、叙利亚、尼加拉瓜、老挝、不丹、荷兰、日本等先后发行过以蜀葵为主题的邮票。这些小小的邮票承载着寄信人对亲朋好友的无限思念，在世界各地游走，带给人们爱和牵挂。

各国蜀葵邮票 ▼

在日本，蜀葵图案常出现在日常服装上。在早期的纺织业中，日本人最主要的纺织工艺包括织锦的织造。日本人用一种名为卡斯尼 - 阿伦的精细体系将各种中间颜色组合起来，把和服制成几层穿在身上，每层的颜色深浅不一。而染料植物的药用特性和蕴藏在色彩中的象征意义被广泛采用，纺织图案也很多元。当时，日本宫廷的服装和陈设纺织品上使用的图案叫"有职"，主要从大自然中获得灵感，有数百种设计图案。这些"有职"中，就包括以蜀葵为原型的小型图案。

蜀葵对建筑也产生了影响。在美国加利福尼亚州，有一栋被列入《世界遗产名录》的现代别墅——蜀葵之家（Hollyhock House），于1963年被列为洛杉矶第12号历史文化古迹，1971年被列入美国国家史迹名录，2007年被列为美国国家历史地标，它也是联合国教育、科学及文化组织确定的《世界遗产名录》名单中的第一个现代建筑。

蜀葵之家位于洛杉矶橄榄山山顶巴恩斯德尔艺术公园内，与好莱坞山、格里菲斯公园遥遥相望，地理位置绝佳，可俯瞰洛杉矶城市风光。蜀葵之家始建于1919年，1921年建成，是美国的最伟大的建筑师之一弗兰克·劳埃德·赖特（Frank Lloyg Wright）在洛杉矶设计的首幢住宅建筑。弗兰克·劳埃德·赖特与瓦尔特·格罗皮乌斯（Walter Gropius）、勒·柯布西耶（Le Corbusier）、密斯·凡·德·罗（Ludwig Mies Van der Rohe）并称四大现代建筑大师。这栋建筑体现了赖特"有机建筑"的理念，别具一格。

蜀葵之家最初的主人是石油大亨的继承人艾琳·巴斯黛儿（Aline Barnsdall）。巴斯黛儿酷爱蜀葵这种当时在美国中西部已经普遍种植的植物。蜀葵不单勾连着艾琳所魂牵梦萦的中西部故土，也代表着加利福尼亚沙漠生态中的生命。

自然是赖特的信仰。无论是取自周边环境的建筑材料，还是从植物中抽象出来的装饰图案，抑或是与风景融为一体的建筑结构和景观设计，赖特都将建筑与自然的和谐、统一奉为圭臬。女主人最喜欢的蜀葵花激发了赖特的灵感。他将蜀葵作为主题装饰符号，用在了建筑的各种细节上，由蜀葵抽象变形而来的装饰图案被镂空雕刻在屋檐和廊柱上，也出现在室内木质家具、栽种植物的花盆上，还被作为地毯花纹、屋顶上高起的装饰物、外墙面窗口之上的纹样、玻璃窗图案……为了适应加利福尼亚炎热的天气，整个建筑修建得像是一座封闭的城堡，减少了强烈的光线对建筑内部的渗透，庭院中间是大片绿色的草坪和盛开的蜀葵花。

蜀葵之家因其抒情和诗意的建筑风格，被称为"加州浪漫曲"（California Romanza，源于"自由创作"的音乐术语），使得洛杉矶成为艺术与建筑的潮流引领者。

Hollyhock House〔1921— 今〕 建筑组图

法 国

Jean Alaux （1786—1864）绘　▼

第四章

今日蜀葵

　　四川是一个植物花卉多样性很丰富的省份。而"蜀葵"可能是代表四川的一种花。而且，它直接就以"蜀"命名。这个花儿长得很好，延展性也很强，它本来就是在内地，但是到了高原，在甘孜、阿坝、凉山，也很适应，开得更好了。

——当代作家　阿来

第
一
节

蜀葵科研工作

近些年来，我国推出了不少介绍我国风光景物、风土人情的自然及人文地理类的纪录片和图书作品等。这得益于我国一批文化名人、学者、科研人员对中国本土资源的重视与持续关注。在乡村振兴的浪潮中，如何发挥我国乡土特色植物的独特魅力，如何深度挖掘它们的价值、广泛地推广应用，也是植物科研工作者应该积极思考的课题。

蜀葵是极具地方特色的乡土花卉，其栽培历史悠久，在中国漫长的历史长河中曾得到众多文人画家的青睐，其一心向阳、忠心不贰的特质与中华儿女优良的民族品格一脉相承，它以自身超强的适应能力在异国他乡落地生根、开枝散叶，并在许多国外名家笔下留下倩影。可以说，它是我国最早走向世界的花卉之一，也是在世界范围分布最广的花卉之一。蜀葵曾灿烂过、辉煌过，但在我国园林上大面积应用并不多见。

花卉与人类的生活有着密不可分的联系，是人类文化和艺术发展的重要载体。它丰富人的精神世界，满足人们对美的追求。我国有着悠久的花文化，历史上爱花之人层出不穷。在当今时代，花卉要走向市场并被广泛应用，离不开科技的支持，对花卉的科学研究是推动花卉产业持续发展的动力源泉。在我国，针对兰花、菊花、梅花、牡丹等传统花卉的研究机构众多，研究面广且深，科研工作者们培育出了众多的品种，可满足不同生态环境的需求，为市场推广提供了基础，这些花卉在我国的知名度大且应用广泛。相较这些广受欢迎和重视的传统花卉，针对蜀葵的相关科学研究可以说才刚起步，这些研究主要集中在种质资源收集、品种培育、品种分类、生物学特性研究、栽培技术研究等方面。

绽放的蜀葵 （周小林 摄）▶

蜀葵种质资源研究

种质资源又称遗传资源，指的是生物体的亲本传给子代的遗传物质。古老的地方品种、新培育的品种以及野生近缘种都属于种质资源。种质资源是生物学理论研究的重要基础材料，是生物多样性的重要组成部分，是一个国家新时期重要的战略资源。对种质资源的占有和保护利用的深度是一个国家综合国力的衡量指标之一。人们通过对种质资源的长期观察和利用，逐渐认识到植物种质资源在植物育种及相关研究领域中具有重要作用。

我国幅员辽阔，地形地貌多样，气候类型丰富，自然地理条件复杂。我国分布有三万多种植物，是世界上植物资源最为丰富的国家之一，仅次于马来西亚和巴西。中国特有的植物中知名度较高的有水杉、珙桐、鹅掌楸、银杏、红豆杉等，其中银杏和鹅掌楸还是五大行道树之二。这些植物现在被广泛栽种在公园和道路两旁，是现代化生态城市中的重要组成部分，在城市绿化中起到重要的作用。

20 世纪早期，我国处在内忧外患当中，无暇顾及植物资源保护及其利用工作。当时有国外的"植物猎人"来到中国，采集了许多中国野生植物到西方庭院栽种，而后培育出众多新品种。来自中国丰富多彩的植物由此被世人所认识，中国也就有了"世界园林之母"的称号。

我国的野生植物被西方培育并推广最典型的例子是猕猴桃。世人都知道奇异果是新西兰最出名的水果之一，鲜为人知的，是其原生品种是中国湖北宜昌市的野生猕猴桃。20 世纪早期，一名新西兰女教师从中国将这种野果带回了新西兰。这种野果在新西兰得到广泛栽培，由此培育出了许多新品种，成为水果界的明星。

花卉的一个重要例子是月季。月季在我国有两千多年的栽培历史，相传曾是华夏先民北方系黄帝部族的图腾植物。18世纪中国古老月季从印度传入欧洲之后，西方的育种家用之与当地的蔷薇反复杂交，在1867年培育出了杂交茶香月季"法兰西"，开启了现代月季的时代。正是中国古老月季为欧洲的月季带来了前所未有的花色和多季节开花的特性，现代月季征服了全世界。目前，欧美各国所培育的现代月季有上万个品种，栽培及研究水平已远远领先于中国。

不仅是月季，国外还利用百合、菊花等中国原产花卉，培育出了诸多新品种，这些新品种都具有知识产权，我国想要在园艺上应用这些品种，须高价从国外引进。

2015年，农业部、国家发展改革委、科技部印发《全国农作物种质资源保护与利用中长期发展规划（2015—2030年）》，针对我国的种质资源流失、种质资源保护设施不完善等问题做出了具体的体系建设及布局规划，布置了一系列重点行动计划。2020年12月中央经济工作会议上明确提出，要加强种质资源保护和利用，加强种子库建设，要开展种源"卡脖子"技术攻关，打一场种业翻身仗。

一粒种子可以改变全球的命运，一个物种可以影响一个民族的兴衰，一个基因可以决定一个产业的成败。种质资源是农业生产、生物科技研究的基础，也是一个产业发展的核心。种质资源是国家的宝贵财富，事关国家核心利益。同时，作为自然界中的生产者，植物也是人类繁衍生存的基础，是人类社会可持续发展的根本，所以对种质资源的保护利用至关重要，是一项应当重视的课题。

鲜花山谷的蜀葵 （周小林　摄）　▲

各色蜀葵 （周小林 摄） ▲

　　为了摸清蜀葵的资源概况，掌握蜀葵的种质资源遗传基础，为后续的育种、新品种登录等工作打下基础，位于四川金堂的鲜花山谷从 2013 年开始从世界各地收集蜀葵品种资源，先是从国内各地收集蜀葵种子，而后从英国、法国、美国、印度、荷兰、日本、立陶宛、意大利等国家邮购蜀葵种子。鲜花山谷基地每年 10 月左右，将当年采集到的蜀葵种子播种下地。次年 5 月，各色蜀葵在鲜花山谷次第开放。目前鲜花山谷已成为世界上规模最大、品种最丰富的蜀葵观赏基地。

　　除了鲜花山谷保存有 1000 余份蜀葵种质资源外，昆明的中国西南野生生物种质资源库里也保存有 16 种来自全国不同地区的蜀葵种子以及 2 个蜀葵 DNA 样本。

❁ 蜀葵的品种培育及品种分类

　　品种是在一定的生态和经济条件下经过自然或人工选择形成的稳定遗传群体，是种质基因库的重要保存单位。明代的王象晋在《群芳谱》里写到蜀葵可以通过混合栽植完成天然杂交，从而产生丰富多样的花色，后来也有育种学家专门通过杂交来培育新品种。

　　威廉·查特是英国的一名苗圃工，他的苗圃种植了各种各样的植物，其中就包括蜀葵。他一直在尝试应用杂交技术选育蜀葵。另一位英国人查尔斯·巴伦收集了大量的蜀葵资源，多年来也一直在种植和杂交选育蜀葵。这些苗圃工人认为现有的品种还不能满足他们的审美需求。查特曾去巴伦的苗圃收集了许多蜀葵并移栽到自己的苗圃，在第二年用这些蜀葵和原有的蜀葵进行杂交，在第三年就获得了一些新的独特品种。1847 年，查特首次培育出了重瓣蜀葵，这种蜀葵花朵特别大，查特将其命名为查尔斯·巴伦。随后，查特还进行了大量的尝试，希望培育出更多的重瓣蜀葵。到了1850 年，他在英国皇家园艺学会展出了蜀葵的新品种，并获得了奖章。

　　事实上查特并不是第一个培育出重瓣蜀葵的人。从我国古时的文献记载及画作中就可以看出，最晚在宋朝时我国就已经有重瓣蜀葵的身影。在古时候，蜀葵多为高秆品种。到了现代，一些国外的育种公司培育出了矮生品种。蜀葵"春庆"系列就是日本泷井集团培育的杂交 F_1 代品种，属于半重瓣或重瓣的矮生品种，株高仅 60 ～ 80 厘米。相较于传统高大的蜀葵，这类矮生品种更加适合花盆及园林栽植，是可作为阳台花卉的理想植物，"春庆"系列也是目前在中国销售较多的品种。除了英国和日本之外，韩国、德国、意大利等国都有种苗公司在培育蜀葵。在蜀葵的新品种培育上，我国的现代科学研究倒显得逊色了一些。

国外培育的蜀葵新品种在园林中
被广泛应用 （王虹 摄） ◄

实际上除了传统的杂交育种方法之外，随着生物技术的不断发展，分子育种也可以成为定向改良蜀葵性状的育种方法。

蜀葵在古代就已经有了丰富的品种。蜀葵花瓣外缘颜色丰富，花心颜色多变，再加上瓣型的变化，这几个不同要素组合，就形成了不同的蜀葵品种。现代世界各国园艺公司在不断培育新品种，许多品种没有国际上认可的标准命名，严重阻碍了育种工作的进一步开展。建立完善的品种分类系统，采用统一的命名规则对培育的新品种进行定名，这具有重要的科学意义。同时科学系统的分类体系对于花卉产业发展也至关重要。众多机构和学者在蜀葵品种分类上做出了尝试。

1956 年，英国皇家园艺学会对蜀葵进行过分类，建立了品种分类的框架，把蜀葵分为一年生单瓣型、一年生重瓣型以及多年生型。这样的分类方法仅仅从蜀葵的生活型来进行区分，在指导栽培上比较实用，但没有涉及具体的观赏价值，所以存在一定的局限性。后来，日本曾按花期进行分类，将蜀葵分为早花型和晚花型。我国陈俊愉院士提出了三个主要类型：堆盘型（外部有一轮大花瓣）、重瓣型（花瓣多枚，列成多层）、丛生型。这一种分类方式主要从花部形态特征及观赏价值入手，但终究还是没有形成较为全面的分类方案。

1997 年，我国学者赵会恩和吴涤新以单瓣型蜀葵为基本花型，根据

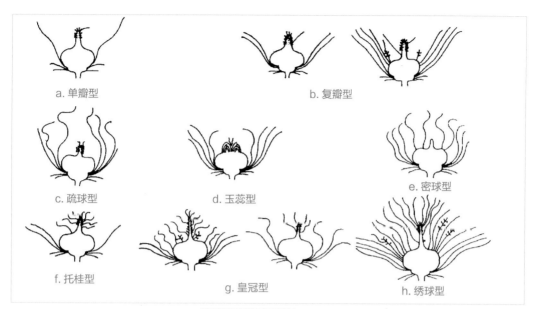

a. 单瓣型　　　　　b. 复瓣型

c. 疏球型　　　　　d. 玉蕊型　　　　　e. 密球型

f. 托桂型　　　　　g. 皇冠型　　　　　h. 绣球型

蜀葵花型剖面示意图　▲

花器的基本结构和重瓣程度将花型分为八类，其中以花瓣自然增加为主的有复瓣型、疏球形，以雌蕊瓣化为主的有玉蕊型、密球型，以雄蕊瓣化为主的有托桂型、皇冠型和绣球型。蜀葵的花瓣基数是五。单瓣型蜀葵的花瓣只有一轮，也就是五个花瓣。复瓣型的蜀葵花瓣有二到四轮，也就是五到二十个花瓣。复瓣型通常由基因突变产生，其形态变化也不是十分稳定，经常出现同一株蜀葵上的花有些为复瓣而另外一些为单瓣的情况，但这种类型的蜀葵结实率极高，可以正常进行种子繁殖。四轮以上的花瓣就称为重瓣型，皇冠型和绣球型观赏价值更高。皇冠型外瓣宽大平展，绣球型高度瓣化，内外瓣大小趋近一致，整朵花近球形。比较可惜的是，重瓣类的蜀葵由于雌雄蕊瓣化程度较高，丧失了通过受精作用完成种子繁殖的能力，而古时候无性繁殖技术的应用还不够广泛，导致一些古籍上记载的优良品种消失。对于这类花蕊瓣化程度高的蜀葵，我们现在可以采用扦插或者组织培养技术进行繁殖，将其性状固定下来。

花型的演化与种源关系密切，因此用花型来分类具有很高的参考价值，但是由于调查分类的局限性，仍然存在有许多的不足。1999年，付美兰在此基础之上对蜀葵的分类再做了细化。她将蜀葵按单瓣、复瓣、重瓣的演化顺序进行了初步的分类整理，并进行了部分品种的花粉扫描。因为花

单瓣蜀葵 （周小林 摄） ▲　　　　　复瓣蜀葵 （周小林 摄） ▲　　　　　重瓣蜀葵 （周小林 摄） ▲

蜀葵表型数据测试 （石磊 摄） ▼

粉的形态特征主要受基因控制，受环境条件的影响很小，遗传稳定性较高，所以花粉形态带有大量的演化信息。研究人员借助高倍的光学显微镜和电子显微镜，从花粉的大小、形态、萌发孔的数量、外表纹饰等指标进行分类。付美兰发现重瓣蜀葵与单瓣、复瓣间有一定区别，但单瓣和复瓣之间无明显差别。她最后将花部特征作为主要分类依据，建立了四级分类标准：将花瓣的重瓣程度作为第一级分类标准，分为单瓣类、复瓣类、重瓣类；将花型作为第二级分类标准，单瓣类中仅单瓣型，复瓣类中有复瓣型、菊花型，重瓣类中分为蕊环型、托桂型、绣球型和台阁型；将瓣基部甚至瓣缘间有无过渡色作为第三级分类标准，分为单色组、异色组；将花色作为第四级分类标准，分为白色系、红色系、橙色系、黄色系、紫色系和黑色系等。

虽然付美兰的蜀葵分类体系相对前面的分类标准来说更加完善，但仍然存在很多局限。例如，鲜花山谷观察到蜀葵种质资源叶片明显有叶片完整不开裂、浅裂及深裂的变化，且遗传十分稳定，这应当作为蜀葵品种分类的一个依据。此外，随着生物学技术的不断发展，分子技术已成为当下植物基础科学研究中的重要手段，可以揭示更多的变异信息，帮助我们去区分品种间极小的差异。

为了进一步完善蜀葵的品种分类体系，2021年成都市植物园对鲜花山谷现已收集到的蜀葵品种资源展开调查，从传统的表型学、孢粉学以及分子标记三个角度对蜀葵园艺品种进行分类，初步建立起一套科学系统的分类体系，以推动后续蜀葵的新品种培育、品种登录等工作。

✿ 蜀葵的生物学特性研究

与本书第一章中阐述的花色、花型、株型等有所不同，这里的生物学特征是指树木的个体生长发育规律及其生长周期各阶段的性状表现。对这些特征展开研究有开花生物学、传粉生物学、细胞生物学、种子生物学等不同进路，分别阐述植物表型及生理层面的基本特征。生物学特性研究有助于我们掌握植物的本底资料，是深入研究该植物的基石。

开花生物学

开花生物学的研究有助于我们了解植物开花的过程，对于掌握植物最佳观赏期，从而进行合理化的园林配置有重要的作用。学者李群对大连开发区内的蜀葵自然生长群体进行了观测，发现大连当地蜀葵的始花期为 6 月 20 日，单朵花可以开放 3 天左右，群体花期持续时间为 3 个月；而在成都地区，由于气候环境以及播种时间的不同，蜀葵花期一般是在 5～7 月，其中 6 月为盛花期，也有一些植株在 4 月底就开始绽放。

传粉生物学

传粉是种子植物受精的必经阶段。植物不同于动物，其性别表现有多种模式。从单株植物水平上来说，有雌雄同株和雌雄异株之分。雌雄同株植物就是指雌花与雄花在同一株植株上，而雌雄异株则是指雌花和雄花分别在不同的植物上；雌花在的植株称为雌株，反之则称为雄株。银杏、铁树就是常见的雌雄异株植物。

雌雄异株的植物要完成繁殖任务，必须借助外力将雄花的花粉传递到雌花的柱头上，才能完成受精作用。这里的外力作用可能是风，也可能是特有的传粉昆虫。当然人工授粉也是帮助它们完成受精的一种方式。

雌雄同株的植物更为复杂。雌蕊和雄蕊都在一朵花上的称为两性花，一朵花上缺少雌蕊或雄蕊的称为单性花。有些雌雄同株植物仅有两性花，而有些植物两性花和单性花会同时在同一株上出现，这就使得它们的传粉模式变得更加多样。

传粉生物学是一门研究与植物传粉事件有关的种种生物学特性及其规律的学科，主要关注三类事件：一是花粉从花药中释放的过程，这个事件涉及花粉生活力的测定，用来评估花粉的质量；二是花粉从雄性结构向雌性结构传递的过程，实际上也就是研究该植物是借助哪一种外力作用完成传粉动作；三是花粉成功传递到柱头上之后萌发的过程。

a. 柱头未钻出

b. 柱头伸长

c. 柱头开始弯曲

d. 柱头完全弯曲

蜀葵花柱的生长过程 ▲

蜀葵是雌雄同花植物，雄蕊先熟，花柱被包围在单体雄蕊管内，柱头从雄蕊柱中伸出，形成雌雄异位，也就是雌雄蕊不在同一个水平高度，但其柱头分枝能发生弯曲，最终与自身花药毗邻或接触。蜀葵花瓣完全展开时，雄蕊上的花粉已经开始散粉，此时柱头还被包裹在雄蕊柱中。一到两天后，柱头从雄蕊柱中钻出，刚钻出时处于直立的状态并聚集在一起，二到四个小时之后，柱头散开逐渐向外弯曲，弯曲角度可达180°，直至与花药接触。此时大部分的花粉已经散尽，落于花瓣内或叶片上。该过程持续约一天，花瓣闭合至脱落约需一天，花冠与花柱同时萎蔫、枯落。由此可见，蜀葵的花有雌雄蕊异熟和雌雄蕊异位的特点。简单来说，雌雄蕊异熟就是指一些植物的花朵雌雄蕊不同时成熟的现象，这是因为在自然界中存在杂种优势，杂合的植株通常表现出双亲的优势特征而能更好地在自然界中存活，所以一些植株会进化出这样的特性来促进杂交，由此来促进自身的基因多样性。这一生物学特性也很好地解释了为什么蜀葵的天然杂交如此频繁，在没有系统育种方法的古代就通过将不同花色的蜀葵混合播种，使其不断天然杂交，产生花色、花型丰富多样的品种。

蜀葵花粉为圆球形，有黏性，呈现典型的虫媒花花粉特征。意大利蜂是蜀葵的主要传粉昆虫。对于蜀葵这一种植物，意大利蜂是帮助它完成花粉传递过程的外力作用。当然，植物也会给予这些勤劳的昆虫物质奖励，蜀葵的奖励则是它的花蜜。蜀葵花蜜含糖量为 8.41%，其中葡萄糖占 77.52%，果糖占 22.48%，因此蜀葵是良好的蜜源植物。

蜀葵的染色体数目

染色体是基因的载体，它承载了植物的遗传密码，植物的染色体数目与核型是对植物染色体的各种特征进行定性以及定量描述的一种基本方法，对于研究植物的系统进化、物种起源、亲缘关系、植物的远缘杂交等具有重要的指导意义。根据 2021 年成都市植物园进行的蜀葵染色体核型分析和流式细胞术鉴定，蜀葵为二倍体，其染色体数目为 2n=42 条。

蜜蜂为蜀葵传粉 （周小林 摄） ▲

蜜蜂为蜀葵传粉 （王虹 摄） ▲

蜀葵的化学成分

蜀葵花色素含量较高且无毒，其中的紫红色素被研究得最多。蜀葵自古以来就被作为染料及化妆品原料使用。在新疆地区，人们将黑紫色蜀葵花瓣用温水浸泡直接染皮革、布料以及头发，将红色花瓣用作胭脂口红的原料。如今蜀葵中提取的色素还可以作为安全的天然功能型色素使用，在作为食品添加剂使用上有着广阔的前景。

有学者分析了蜀葵花瓣的化学成分，发现蜀葵含有丰富的黄酮类化合物。黄酮类化合物广泛存在于自然界的植物当中，普遍具有抗氧化、抑菌、防治心脑血管疾病的作用。蜀葵根、茎水提取物含有果胶和半纤维素，可以作为治疗上呼吸道黏膜炎、支气管哮喘等疾病的药物。蜀葵是一些少数民族的常用中草药。维吾尔族用蜀葵治疗失眠健忘、痰咳不出、目赤肿痛等病症，蒙古族认为蜀葵具有利尿、消肿、润肠、活血的功效，白族用蜀葵治疗月经不调，纳西族用蜀葵花活血。临床应用上，蜀葵可以用于河豚毒素中毒的抢救治疗，对于膀胱癌患者也有较好的疗效。

❀ 蜀葵繁殖技术

陈淏子在《花镜》中提到，"八月下种，十月移栽，宿根亦发，嫩苗可食，当年下子者无花"，意在说明蜀葵一般是夏末秋初进行播种，次年

镉胁迫下的蜀葵 （陈曦 摄） ▼

开花，可以作为多年生宿根花卉来栽培，当年播种则无花可赏。

蜀葵是喜欢阳光的植物，但它也可耐半阴，只是在荫蔽的环境下容易徒长而花量不大。蜀葵对土质要求不严，耐盐碱能力强，在含盐量高达0.6%的土壤上仍能生长良好。现代科学研究证实蜀葵在铜矿砂、铅污染以及镉污染地区也都有一定的适应能力。蜀葵耐寒冷能力也比较强，冬季地上部分枯萎，地下部分可在土壤中宿存，直到第二年春天再次萌发生长开花。

蜀葵一般用播种、扦插方法进行繁殖。播种繁殖是指利用种子进行繁殖的方法，它是一种有性繁殖的方式，也是蜀葵应用最广泛的繁殖方法。单瓣类以及雄蕊瓣化为主的复瓣类蜀葵的雌蕊可以正常接受花粉，所以能够产生种子，并且蜀葵单株的产种量非常大，所以这类型的蜀葵可以通过播种的方式进行繁殖。

蜀葵种子有深度休眠的现象，田间自然发芽慢，发芽率低，发芽不整齐，有研究人员通过试验发现，采用0.2 g/L的硼酸处理蜀葵种子发芽效果最佳。

蜀葵在南方一般进行秋播，工厂化育苗一般采用点播的方式在穴盘里进行育苗，一周左右就会出苗。待长出2～3片真叶时，可将蜀葵小苗移栽至花盆里，次年3月可以移栽至土里栽培。在华北地区蜀葵以春播为主。

成熟的蜀葵种荚 （周小林 摄） ▼

蜀葵穴盘育苗 （李秀 摄） ▼

蜀葵播种繁殖 （周小林 摄）

扦插繁殖为无性繁殖，扦插苗的基因型与母体一致，所以可以保持母体的优良性状。对于那些优良的蜀葵品种可以采用扦插的方式进行繁殖来保证性状的一致性。对于重瓣类的蜀葵品种，由于其雌雄蕊都高度瓣化，这类蜀葵一般没有结实能力，适宜采用扦插进行繁殖。扦插繁殖的做法是：在春季选用蜀葵基部萌发的茎条作插穗，插穗长度7～8厘米，用沙壤土做扦插床，插穗基部斜切，增加与土壤的接触面积，扦插后遮阴保湿至生根。

蜀葵同样还可以采用分株和嫁接的方式进行繁殖，但应用得不多，这里不再赘述。

❀ 蜀葵园林应用

我国古典园林讲究源于自然又高于自然，虽由人作，宛自天开，植物的应用多注重虬枝枯干，异种奇名，枝叶扶疏，位置疏密，且多采用自然形态优美的乡土植物。在古人眼中，植物造景不仅仅是为了创造优美的景色，更要体现丰富的哲理和深刻的内涵。他们根据植物的生长习性，加上丰富的想象，为植物赋予品格，给植物配置提供了依据，也为游人提供了想象的空间，所以高大挺拔的蜀葵在古时候被广泛应用不足为奇。

到了现代，我国的公园除了沿袭中国古典园林的建设思想之外，还在西方国家建筑学思维的影响下引入了一些西方的造景手法，比如摒弃传统的石材，采用现代的钢筋混凝土造园，大量采用新材料、新工艺，打造开阔的大草坪，采用大量时令草花布置花坛、花境等，公园从整体风格上来说更加外向、开敞，从功能上讲更加适应城市居民的游览和休闲需求。这类公园在植物的选择上也多采用速生树种、进口植物、"明星植物"，讲究整齐划一、快速成景。所以像蜀葵这种高大的直立草本，往往被造园者认为不适合于种植在城市园林之中，蜀葵在园林中的应用频率也就逐渐降低，慢慢淡出了人们的视野。

如今，国家对于生态文明及生态安全给予高度重视，如果规划建筑城市园林之初没有处理好外来物种在生态系统中的一系列实际问题，就会对城市生态系统产生不利影响，因此，乡土植物逐渐被重视起来。

乡土植物就是那些生长在本地的植物。这类植物能够适应当地的气候和环境变化，所以养护成本较低。同时乡土植物蕴含着不同地区的人文特点，更能体现一个城市的性格。蜀葵就是这样一种原产四川的乡土植物，花大色艳，抗性强，花期长，抗旱耐涝。在倡导大力开发应用乡土植物的今天，蜀葵在城市园林建设上大有可为。蜀葵可以作为花海植物参与园林设计，成片栽种的蜀葵具有极强的观赏性。现代培育的矮生蜀葵也可广泛应用于花坛、路沿。蜀葵还可与其他花卉混合栽植，布置成花境、自然式花丛等。湿地公园作为"地球之肾"，相较其他城市公园来说需要种植耐湿性强、可吸收有害物质的植物种类用于净化水体、修复生态，而蜀葵恰好可以满足湿地公园的植物需求。在"园艺疗法"兴起的今天，具有药用价值的蜀葵也有发挥空间。

梳理文献资料可以发现，目前针对蜀葵的研究主要是发掘其作为观赏花卉以及药用植物的价值。从前面对蜀葵古代文化的梳理可以发现，蜀葵在古代还作为插花使用，所以未来蜀葵的插花技艺及采后保鲜技术的研究也是一个值得探索的课题。蜀葵的文学意象乃至蜀葵在敦煌壁画中的应用都是可以进一步深入挖掘的。城市不断发展，园林观赏植物种类的需求越来越丰富，因此蜀葵种质资源创新研究和开发利用也应当是今后重要的研究课题。

成都市植物园道路沿线种植的蜀葵 （冯超 摄）▲

成都市植物园草坪种植的蜀葵 （冯超 摄）▲

成都天府广场种植的蜀葵 （王虹 摄）▲

第
二
节

❖

蜀葵产业发展思考

❖ **蜀葵文化发掘**

　　进入新时代以后，随着物质生活水平的提高，人们对美好生活愈发向往，在吃、穿、住、行四大需求之外，对"美"的需求越来越强烈，城市花卉文化应运而生。城市的花卉文化与城市的精神文明建设息息相关，城市花卉也赋予了城市独特的魅力。

　　花文化，指的是将花卉作为核心的文化体系及与花卉有关的文化现象，本质是人们借花卉来表达和传递思想观念。花文化在我国传统文化体系当中占有重要的地位，例如梅兰竹菊一直都是中国人感物咏志的象征，常常出现在咏物诗及文人画中。"凌寒独自开"的梅花在凌厉的寒风中绽放在枝头，是代表中华民族骨气的花，有着孤傲、隐逸、淡泊的气质；兰花孤芳自赏，不沽名钓誉，有着坦荡胸襟；竹枝干挺拔修长、四季翠绿，潇洒一生，有君子之风；菊开晚秋时节、斜阳之下，不畏严霜，常用来传达文人开朗进取的气质；还有莲"出淤泥而不染，濯清涟而不妖"，象征了高洁的品质。

　　山东菏泽几千年来都有种植牡丹的传统，近年来又建设了许多牡丹参观园区，牡丹文化贯穿于整个城市的景观设计之中，世界牡丹大会、牡丹文化旅游节的举办让牡丹成了菏泽的一张名片，牡丹也因此成为菏泽的市花。作为成都千年历史文化符号的芙蓉，同样也是成都的文化名片，承载着成都不畏艰难、热爱生活的精神内涵。

　　市花、省花是一个地区花文化的集中体现，这些花卉在当地都拥有完善的花卉产业体系，对当地的经济发展起到极大的促进作用。蜀葵是山西朔州的市花，当地称之为"大花"。在朔州的小区、路边绿化带、农家小院和田野边都能看到蜀葵。

2016年，华西都市报联合四川省林学会等机构发起过关于四川"省花""省树"的推荐活动，蜀葵与杜鹃、梅花、兰花等同在推荐名单之列，文化名人流沙河、阿来及时任四川省社科院书记李后强教授纷纷表态支持蜀葵作为四川省花。他们给出的理由主要有四条：其一，在15世纪时蜀葵就已成为欧洲人最喜爱的花卉，在国外声名远扬的蜀葵却在国内逐渐被淡忘，如果将蜀葵评为省花，则有助于这种花被更多地认识和深入了解；其二，蜀葵作为四川的乡土花卉，以蜀为名，可以更好地代表四川，对树立四川的旅游形象有极大的帮助；其三，蜀葵具有较高的观赏价值及药用价值，有了价值才有内涵；其四，蜀葵承载了一批文化名人的乡愁，可以唤起异乡人对家乡的眷恋和热爱。经过公众投票和评审，蜀葵在候选省花中得票排名第二，可以看出，蜀葵在公众心中占有很高的地位。作为蜀葵的原产国，我国应当积极支持科研院所开展蜀葵相关研究，助力蜀葵花卉产业长足发展。

在花卉生产及竞争中，我们远落后于其他国家，但随着我国科技逐渐发展，对知识产权的保护越发重视，目前已有相应的政策和科技力量来支持我们保护这些珍贵的植物资源，挖掘相应的植物文化。蜀葵这种既在我国传统文化中有一席之地、又在国外备受欢迎的植物，在花卉产业发展上可以说是占据了天时、地利，但就目前而言，蜀葵花卉产业发展及花文化挖掘还有很长的路要走。

从多方面入手，我们相信可以共同推动蜀葵花卉产业发展及花卉知识产权保护之路。

蜀葵采收 （周小林 摄） ▲

❀ 蜀葵产业化发展进路

第一，科技支持。我国目前的花卉产业尚处于发展阶段，并且由于新品种培育周期长，许多企业直接依赖进口，许多花卉相关专业人员选择转行，这给我国花卉产业的发展带来了极大的不确定因素。想要在国际花卉竞争中处于领先地位，就需要拥有自主知识产权的花卉品种及生产技术。刘龙曾分析过 2016 年我国 20 个省市获得植物新品种授权量的数据，北京位居第一，这是由于科研实力是影响植物新品种研发和花卉产业竞争的重要因素，北京高校众多，拥有较强的科研能力。蜀葵的推广应用工作需要依托成都市植物园以及各大高校、科研院所的科研平台，在厘清蜀葵基本特性的基础之上，开展一系列科学研究，在现有的种质资源中选育优良品种，例如观赏价值较高且稀有的黑色蜀葵、重瓣蜀葵等品种，为蜀葵在2024 年成都世界园艺博览会上的亮相提供充足的植物材料，同时为蜀葵在四川地区乃至全国的园林应用上打下坚实的基础。

第二，政策及资金支持。除了科技力量支持之外，政策激励制度对于花卉产业的长足发展也至关重要。国家林业局 2013 年印发的《全国花卉产业发展规划（2011—2020 年）》提出了我国花卉产业发展的六大体系，即先进的花卉品种创新体系、完善的花卉技术研发推广体系、发达的花卉生产经营体系、高效的花卉市场和流通体系、健全的花卉社会化服务体系和繁荣的花文化体系。明确各级政府要加大对花卉产业的财政扶持力度，并将花卉种质资源库建设纳入国家预算内基本建设投资林木种苗项目。各级政府也针对当地的花卉产业制定了相应的政策。我国花卉产业优势明显，潜力巨大，企业正可充分利用政策优势，投入花卉新品种研发，培育蜀葵新品种，积极申报蜀葵种质资源库，完善蜀葵生产经营体系。

第三，花卉新品种国际登录和品种权保护。国际登录权是一种鉴别、判定花卉知识产权的母权，是现代花卉园艺产业中重要的话语权。新发现或者新培育的观赏品种要通过"国际登录权威"审定并履行手续后才能成为国际承认的新品种，才能获得花卉园艺植物的"国际身份证"。国际登录权是行业或领域软实力的重要标志。由于历史原因，许多原产我国的植物栽培品种的登录权被欧美国家垄断，例如原产我国的花卉牡丹、月季的国际登录权属于美国，水仙、杜鹃的国际登录权属于英国，这不能不让人觉得遗憾。好在国内的花卉从业者目前已意识到国际登录权的重要性，我国自 1998 年拿到梅花的国际登录权之后，又相继取得了木樨（桂花）、莲属、竹属和海棠的国际登录权，花卉产业向前迈进了一大步。接下来的工作就是要就那些尚未申请国际登录权的我国原产花卉争取国际登录权，将话语权牢牢掌握在自己手中，依法打击品种侵权行为，改善品种创新环境。

第四，与城乡其他产业协同发展。通过挖掘花卉文化，促进花卉产业与其他产业的融合，能更好地促进花卉产业的发展。花卉产业发展可以与乡村振兴事业有机结合。由于蜀葵极好种养，乡村地区可以广泛种植蜀葵，结合蜀葵的药用特性，打造特色蜀葵康养小镇、蜀葵生态乡村。在蜀葵花期，可以蜀葵作为旅游名片，促进乡村特色旅游。因为蜀葵拥有独特的食用价值，可将蜀葵作为有机蔬菜，或将其花晒干制作成花茶或泡酒，开发蜀葵的工业化经济体系，实现更广泛的经济效益。

鲜花山谷就是很好的例证。鲜花山谷建成之后，当地居民参与蜀葵种苗繁育、生产、展示工作，实现了在家门口就业。当地政府金堂县主导的蜀葵花文化旅游节在鲜花山谷落地，如今已开展了四届，不仅宣扬了蜀葵文化，还成为展示当地特色农副产品的平台，乡村特色旅游格局正在快速形成。

黑蜀葵茶 （周小林 摄） ▲

蜀葵花文化旅游节 （周小林 摄） ▼

第五，打造一流景观，加强宣传推广。蜀葵是古时候的端午花，我们可以"古为今用"，将蜀葵、石榴、萱草与湖石搭配种植，形成特色化、精品化的蜀葵示范景观，一方面在现代园林中再现当时的端阳景色，让现代人身临其境，感受古人的日常生活，另一方面结合科普宣教，讲解蜀葵作为端午花驱邪、消暑的作用，向公众科普蜀葵的前生今世、蜀葵在中国传统文化中的意义、蜀葵在国外的影响，唤起公众对传统花文化的兴趣。

成都市植物园"蜀葵进百校"活动 （李雨桐　摄） ▼

2021 年上海花博会上海园的主题花选择了蜀葵和萱草——蜀葵向日、忠诚，萱草孝母，以花寄情，表达了对祖国母亲的热爱以及对党的忠诚。不少高校、植物园、公园等建立了蜀葵专类园，起到保护、展示、科教的功能。此外，利用蜀葵吸附重金属污染物的优秀能力，将其用于土壤污染地区的环境恢复，让棕地重新焕发生机，可实现生态价值和美学价值的双赢。

第六，发展文创产业。文创产业强调将一种主体文化或文化因素通过技术、创意和产业化的方式开发出来。广受欢迎的故宫文创就是将故宫文化发挥到极致的代表。文创产品一方面符合现代审美，可以让消费者产生购买欲望，进而了解到当时的文化背景，另一方面又可以让文化瑰宝以更加丰富、精彩、生动、有趣的姿态进入公众的视野，让橱窗里文物能被看得见也触摸得到。古时候的蜀葵团扇、香囊想必也是当时那个环境下的文创产品，如今依然可以充分利用蜀葵这一文化属性，制作团扇、香囊，重现蜀葵的

文化价值，帮助人们加深对传统文化的认识，记住乡愁，记住文化之根。

除了这些古时就有的创意，蜀葵的应用形式还可以更加丰富，例如将蜀葵作为一种图案形式应用在抱枕、杯子、餐盘等各种各样的商品上，实现产品和花卉文化元素的有机结合。未来或许人们的精神已不仅仅只满足前面提到的这些产品，"VR+文化"也是表现蜀葵的一种形式，如将蜀葵传统文化与博物馆联系起来，使用 VR 技术激发年轻游客的好奇心，让他们沉浸式地感受蜀葵。

人类的生活与植物息息相关，植物资源是人类赖以生存和发展的基础。保护植物多样性、促进人与自然和谐共生，就是要解决好植物资源保护和利用的矛盾。具体到蜀葵，不光要保护好植物种质资源，还要在科学研究、知识传播、生态游憩、资源开发利用方面共同发力，进一步传播和推广蜀葵及蜀葵文化。未来的蜀葵不仅会满足居民在感官上的需求，也一定会成为我国花卉文化自信的重要载体。

上海花博会上海园的蜀葵 （刘晓莉 摄）

主要参考文献

纪昀.四库全书第 222 册.上海：上海古籍出版社，1987.

夏纬瑛.植物名释札记.北京：农业出版社，1990.

陈淏子.花镜.北京：农业出版社，1985.

李时珍.本草纲目.北京：人民卫生出版社，1982.

徐光启.农政全书.陈焕良，等，校注.长沙：岳麓书社，2002.

陈藏器.《本草拾遗》辑释.尚志钧，辑释.合肥：安徽科学技术出版社，2002.

陈景沂.全芳备祖.北京：农业出版社，1982.

周祖谟.尔雅校笺.昆明：云南人民出版社，2004.

汪灏，等.广群芳谱.上海：上海书店出版社，1985.

嵇含.南方草木状.上海：商务印书馆，1955.

王象晋.群芳谱诠释.伊钦恒，诠释.北京：农业出版社，1985.

陈梦雷.古今图书集成博物汇编草木典.成都：中华书局，1985.

吴其濬.植物名实图考.北京：中华书局，1963.

周维权.中国古典园林史.北京：清华大学出版社，1999.

中国民俗学会，中共嘉兴市委宣传部，嘉兴市文化广电新闻出版局.寻觅中国端午文化魂脉.
杭州：浙江大学出版社，2011.

上海古籍出版社.端午诗词.上海：上海古籍出版社，2008.

贺万里.蛟然五松啸：李鱓研究新论及李鱓资料拾遗.南京：东南大学出版社，2018.

马大勇 . 瓶花清味：中国传统插花艺术史 . 北京：化学工业出版社， 2019.

袁宏道，张德谦，高濂 . 瓶史、瓶花谱、瓶花三说 . 北京：北京时代华文书局，2020.

贾玺增 . 四季花与节令物 . 北京：清华大学出版社， 2016.

周伟洲，王欣 . 丝绸之路辞典 . 西安：陕西人民出版社，2018.

任相梅 . 张炜小说创作论 . 山东师范大学，2011.

许晖 . 100 个汉语词汇中的古代风俗史 . 桂林：广西师范大学出版社，2019.

刘海涛 . 蜀葵的应用价值及文化 . 花卉，2015(08).

刘振林，戴思兰，王爽 . 中国古代蜀葵文化 . 中国园林，2009,25(01).

张荣梅，刘会两，王颖 . 蜀葵栽培管理 . 中国花卉园艺，2020(16).

李博，张娜 . 浅谈蜀葵的栽培技术与应用 . 现代农业，2021(02).

梁家勉 . 对《南方草木状》著者及若干有关问题的探索 . 自然科学史研究，1989, 8(3).

赵红娟 . 葵与古诗文及信仰习俗考辨 . 浙江社会科学，2003(4).

李群 . 蜀葵（锦葵科）传粉模式及锦葵科花柱弯曲进化机制研究 . 沈阳农业大学，2011.

付美兰 . 蜀葵园艺品种分类及对制种的初步探讨 . 北京林业大学，1999

赵会恩，吴涤新 . 蜀葵园艺品种花型分类初探 . 北京林业大学学报，1998，20(2).

于天波 . 另类的黑蜀葵 . 中国花卉盆景，2007(10).

林边，卢克 . 七月花神 蜀葵传奇 . 世界博览，2021(22).

后记

在生态文明建设和生物多样性保护的时代背景下，传统乡土植物的开发利用愈发被重视。蜀葵在两千多年前就已进入中国古代皇室，更是随着丝绸之路将美丽带到了世界各地，在异国他乡开枝散叶。但就目前而言，尚未有系统梳理蜀葵栽培历史、蜀葵传统文化历史、蜀葵国外传播历史的图书作品，并且蜀葵在当代园林上的应用也并不多见，可以说是一种"失落已久"的美丽花卉。在建设"一带一路"的今天，蜀葵作为代表四川历史人文底蕴的一种文化符号，我们应当看到她所承载的时代价值，并对其进行开发和利用。

在成都市公园城市建设管理局的支持下，成都市植物园基于本单位收集的大量文献资料，结合周小林、殷洁夫妇收集的蜀葵绘画作品等，深入挖掘了蜀葵在我国的栽培历史、传统习俗、生活应用、文化意象、传播路线、域外影响，并对蜀葵未来的开发利用进行了展望。本书的目标是系统性追溯蜀葵的历史文化，弘扬传统蜀葵文化，扩大蜀葵的影响力，进一步提升城市文化形象，提高市民文化自信。

特别感谢周小林夫妇提供的蜀葵绘画作品以及持续多年的蜀葵种植与研究，这些资料是本书创作的重要基石；感谢四川教育出版社李霞湘老师等编辑策划团队在本书的出版过程中提出的宝贵意见；感谢《读者报》资深记者何建老师在撰稿、统稿过程中付出的大量心血；感谢著名作家蒋蓝老师为本书撰写的富有情感的代序；感谢本书的摄影图片提供者周小林、王虹、石磊、陈曦、李秀、冯超、李雨桐、刘晓莉。

在诸多喜爱蜀葵并为之鼓与呼的各界朋友的认同与协助下，本书得以顺利出版，在此一并致谢！当然，作为一部首创之作，其疏漏之处在所难免，尚望方家指正。期待有更多的人了解中国蜀葵的风采！